普通高等教育"十三五"规划教材

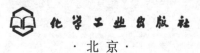

环境工程制图实训

张杭君　主编

化学工业出版社

·北京·

本书系统总结了AutoCAD软件中常用的绘图工具和相关命令，并把这些操作融合到各个环境工程实例图形的绘制过程中，使得读者能够掌握不同的操作方法与绘图技巧。全书共包括32个实训，在各习题操作中，对图形绘制过程作出操作提示。教材力求通过适量的、多种形式的训练，培养和提高学生分析问题的能力和画图、看图的基本技能。

本书既可作为高等院校环境科学、环境工程等专业的教材，还可供相关领域的工作人员参考。

图书在版编目（CIP）数据

环境工程制图实训/张杭君主编. —北京：化学工业出版社，2017.8（2025.2重印）
普通高等教育“十三五”规划教材
ISBN 978-7-122-29987-1

Ⅰ.①环…　Ⅱ.①张…　Ⅲ.①环境工程-工程制图-高等学校-教材　Ⅳ.①X5

中国版本图书馆CIP数据核字（2017）第118222号

责任编辑：满悦芝　　文字编辑：荣世芳
责任校对：宋　玮　　装帧设计：刘丽华

出版发行：化学工业出版社（北京市东城区青年湖南街13号　邮政编码100011）
印　　装：北京盛通数码印刷有限公司
787mm×1092mm　1/16　印张6½　字数158千字　2025年2月北京第1版第6次印刷

购书咨询：010-64518888　　售后服务：010-64518899
网　　址：http://www.cip.com.cn
凡购买本书，如有缺损质量问题，本社销售中心负责调换。

定　　价：29.80元　

前　言

本书作为《环境工程制图》系列教材的重要组成部分，结合作者“环境工程制图”课程多年教学改革的成果和经验，本着打好基础、加强实践、培养绘图能力的精神编写而成。

本实训手册系统总结了AutoCAD软件中常用的绘图工具和相关命令，并把这些操作融合到各个环境工程实例图形的绘制过程中，使得读者能够掌握不同的操作方法与绘图技巧。在各习题操作中，将对图形绘制过程作出操作提示。在选择例题时，既注意到题目的典型性、代表性与实用性，又注意了题目类型的多样化，力求通过适量的、多种形式的训练，培养和提高学生分析问题的能力和画图、看图的基本技能。

本书提供了不少有新意的题目，给出了所有实例绘制的详细步骤，因而在使用时，可以收到作图时间少而收效大的效果，能够让初学者快速掌握和熟练AutoCAD中的常规操作，并能绘制简单的工程实物图。

在本书编写过程中得到了王彬浩等许多同志的帮助，在此表示衷心感谢。

由于编者水平和时间有限，书中不当之处在所难免，恳请读者批评指正。

编者
2017年7月

目　录

1 CAD绘图常用快捷键

使用快捷键命令可以快速、方便地绘图，节省绘图时间，AutoCAD提供了快捷键命令操作，如表1-1～表1-4所列。

表1-1　F键和组合快捷键

键名	功　能
F1	激活帮助窗口
F2	在文本窗口与图形窗口间切换
F3	切换打开、关闭对象捕捉状态
F4	数字化仪状态切换
F5	等轴测面的各方式切换
F6	打开正交坐标、打开极坐标和关闭坐标显示状态之间切换
F7	切换打开、关闭栅格显示状态
F8	切换打开、关闭正交状态
F9	切换打开、关闭栅格捕捉状态
F10	切换打开、关闭极轴跟踪状态
F11	切换打开、关闭对象捕捉跟踪状态

表1-2　绘图命令快捷键

键　名	功　能
L，* LINE	直线
PL，* PLINE	多段线
REC，* RECTANGLE	矩形
C，* CIRCLE	圆
A，* ARC	圆弧
DO，* DONUT	圆环
EL，* ELLIPSE	椭圆
T，* MTEXT	单行文本
H，* BHATCH	填充
CO，* COPY	复制
MI，* MIRROR	镜像
AR，* ARRAY	阵列
PO，* POINT	点
XL，* XLINE	射线
ML，* MLINE	多线
SPL，* SPLINE	样条曲线
POL，* POLYGON	正多边形
REG，* REGION	面域
MT，* MTEXT	多行文本
H，* BHATCH	填充

表 1-3 修改命令快捷键

键名	功能
M，* MOVE	移动
E，DEL * ERASE	删除
X，* EXPLODE	分解
TR，* TRIM	修剪
EX，* EXTEND	延伸
S，* STRETCH	拉伸
SC，* SCALE	比例缩放
BR，* BREAK	打断
CHA，* CHAMFER	倒角
F，* FILLET	倒圆角
Z＋空格＋空格	实时缩放
Z	局部放大

表 1-4 标注命令快捷键

键名	功能
DIMORDINATE DOR	创建坐标点标注
DIMCENTER DCE	创建圆、圆弧的圆心标记
DIMLINEAR DLI	创建线性尺寸标注
DIMSTYLED DST	创建标注样式管理器
DIMDTAMETER DDI	创建圆或圆弧的直径标注
DIMRADIUS DRA	创建圆或圆弧的半径标注
DIMANGULAR DAN	创建角度标记

2 A4框图的绘制

2.1 实训目的

熟悉和掌握 A4 框图的尺寸和绘图方法。

2.2 实训内容

实训内容见图 2-1。

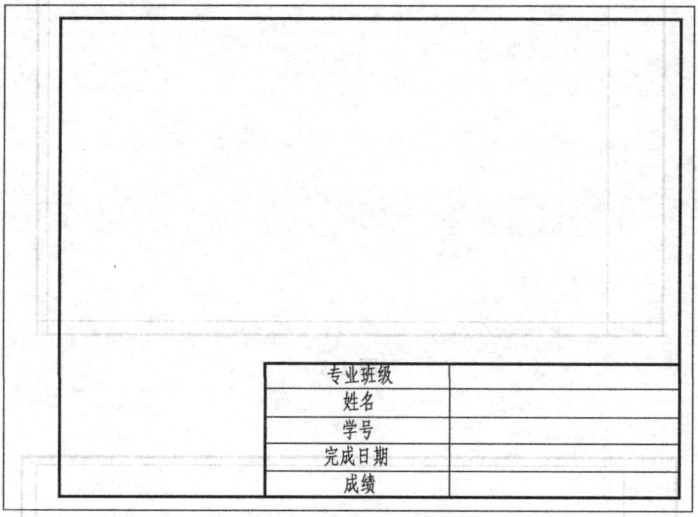

图 2-1

2.3 操作提示

① 选择“直线”工具；依次画出 297×210 的矩形的四条边，见图2-2。

② 选择“偏移”工具；把矩形左侧的边向右偏移 25；再次选择“偏移”工具，把剩下三边向矩形内侧偏移 5，见图 2-3。

③ 选择“修剪”工具，把第二步中多余的线段去掉，见图 2-4。

④ 选择“直线”工具，在矩形右侧绘制 11.5×5 的表格，见图 2-5。

图 2-2

图 2-3

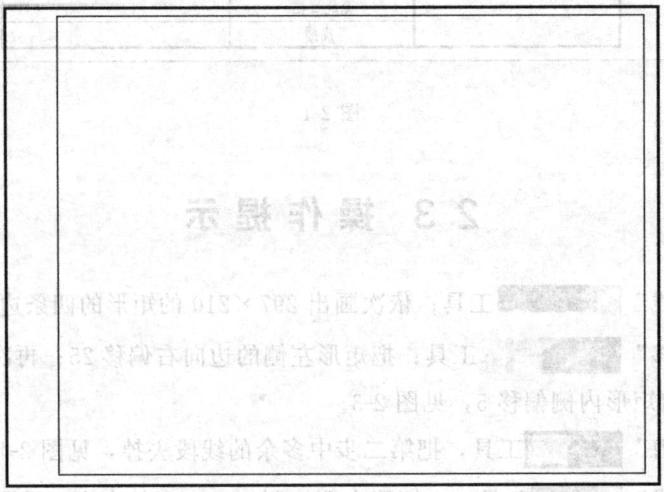

图 2-4

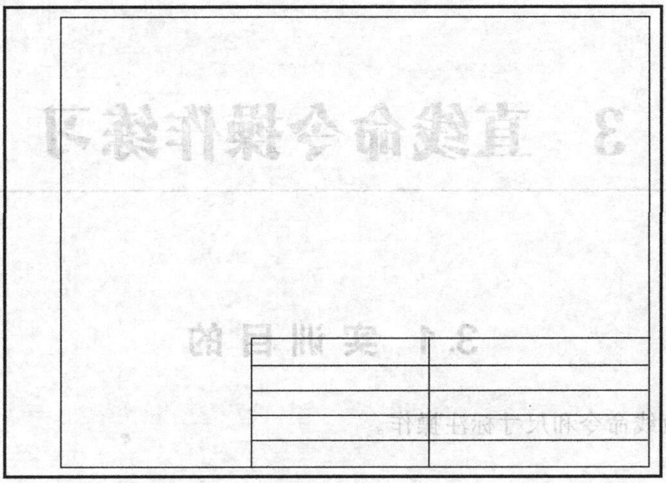

图 2-5

⑤ 选择“多行文字”工具，在 11.5×5 的表格里输入文字，见图 2-6。

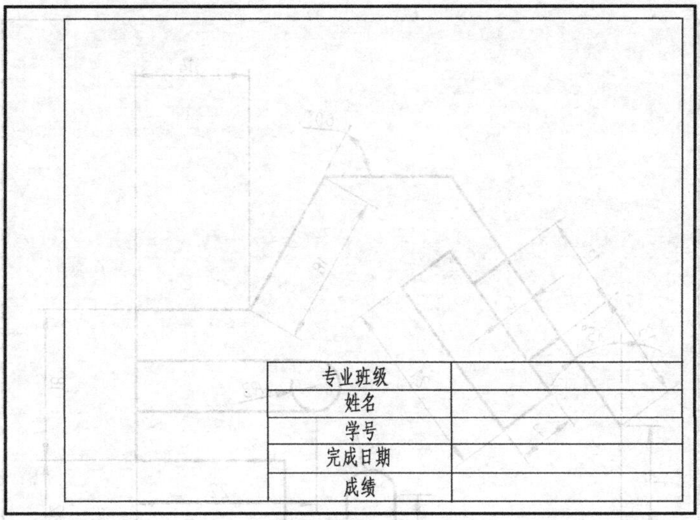

图 2-6

3 直线命令操作练习

3.1 实训目的

熟悉和掌握直线命令和尺寸标注操作。

3.2 实训内容

实训内容见图 3-1。

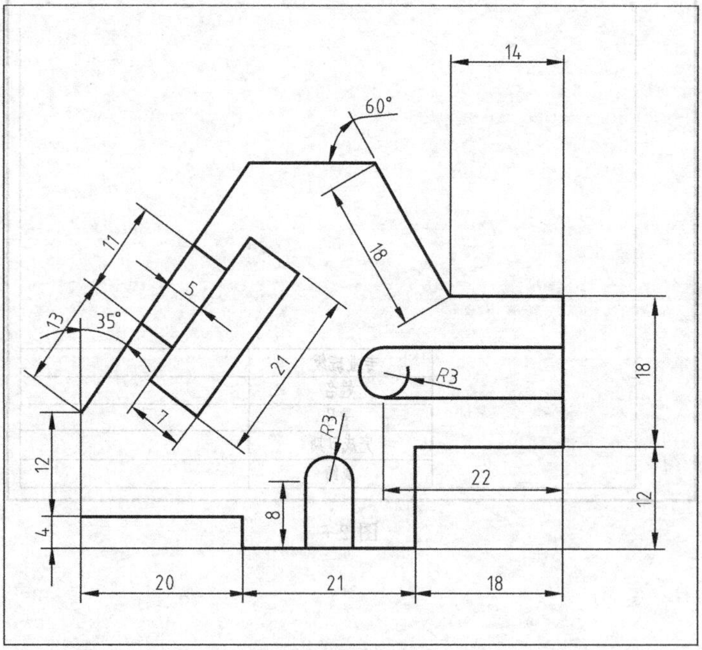

图 3-1

3.3 操作提示

① 用“直线”工具按所给长度画出一条水平线，右端略微留长一点，接着画出下方的两个矩形，见图 3-2。

② 用“旋转”工具将步骤①所画的图形以左端点为基点旋转 55°，见图 3-3。

③ 用“直线”工具按所给长度画出下方以及右方的边框线，见图 3-4。

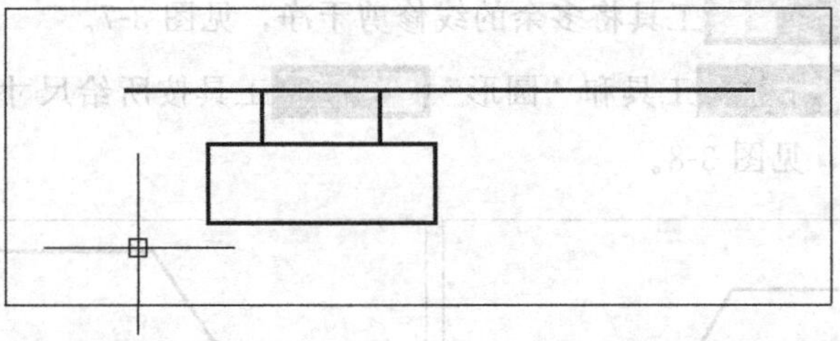

图 3-2

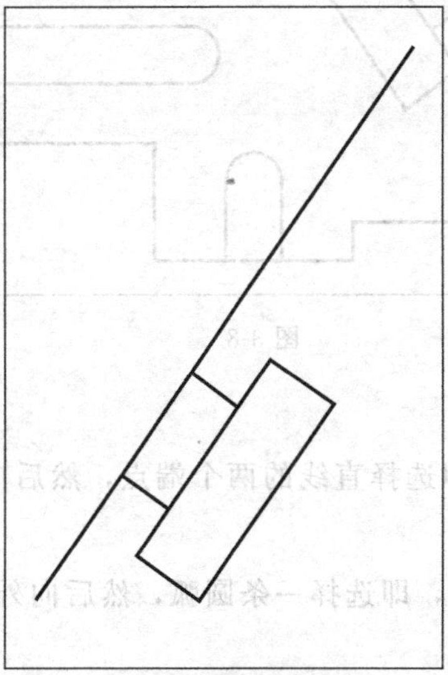

图 3-3

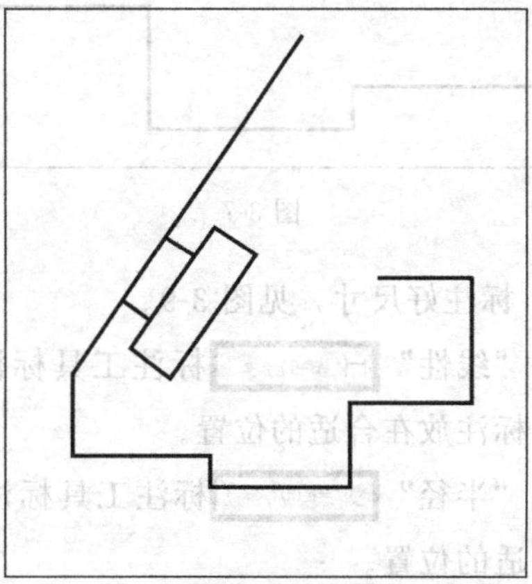

图 3-4

④ 用“直线” 工具以 A 点为基点向上画一条长度为 18mm 的垂直线段，然后用旋转工具将该直线以 A 点为基点旋转 30°，见图 3-5。

⑤ 用“直线” 工具以 B 点为起点向左画一条水平线，与斜线相交，见图 3-6。

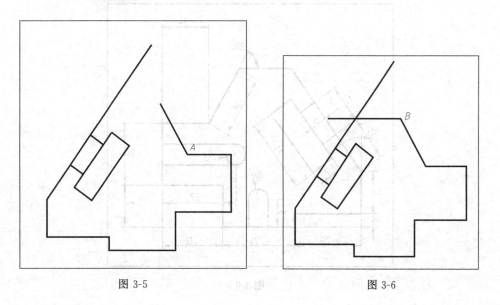

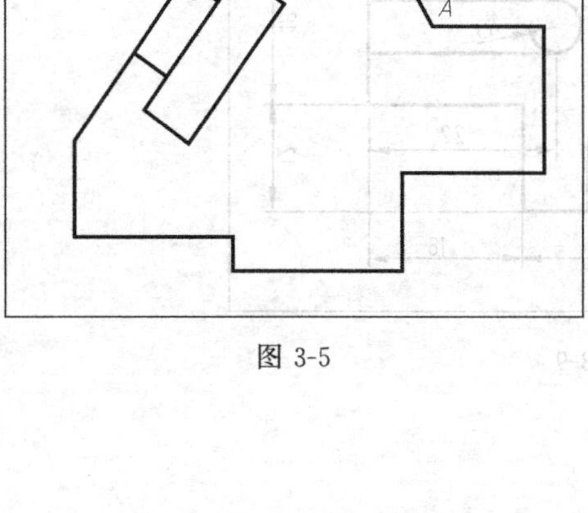

图 3-5

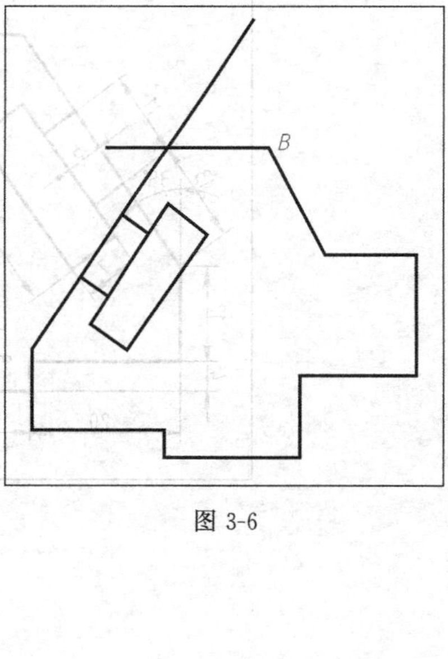

图 3-6

⑥ 用“修剪”工具将多余的线修剪干净，见图 3-7。

⑦ 用“直线”工具和“圆形”工具按所给尺寸画出剩下的图形，并用修剪工具修剪干净，见图 3-8。

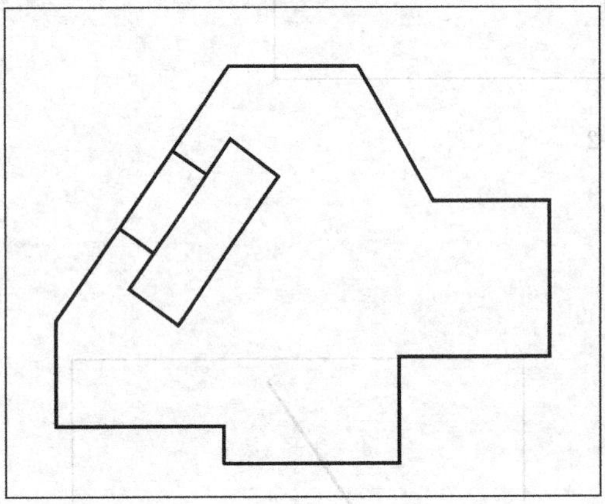

图 3-7

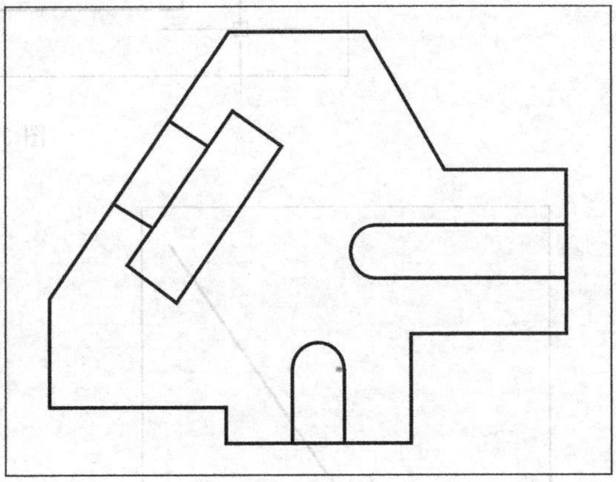

图 3-8

⑧ 标注好尺寸，见图 3-9。

用“线性”

标注工具标注直线尺寸，即选择直线的两个端点，然后向外拉伸，将标注放在合适的位置。

用“半径”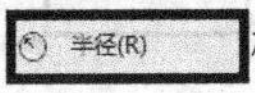

标注工具标注半圆弧的尺寸，即选择一条圆弧，然后向外拉伸，放在合适的位置。

用“角度”

标注工具标注角度，即选择角的两条边，然后向外拉伸，放在合适的位置。

用“对齐”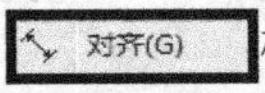

标注工具标注如图中 13、11、5 等斜线的尺寸。

注意，标注要放在合适的位置，不能挡住图形，同时要保证标注清晰明了。

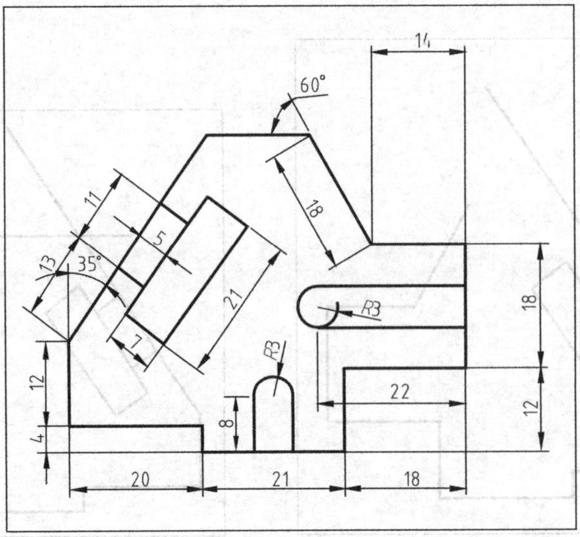

图 3-9

4　圆和圆弧命令操作练习

4.1　实训目的

熟悉和掌握圆和圆弧的操作练习。

4.2　实训内容

实训内容见图 4-1。

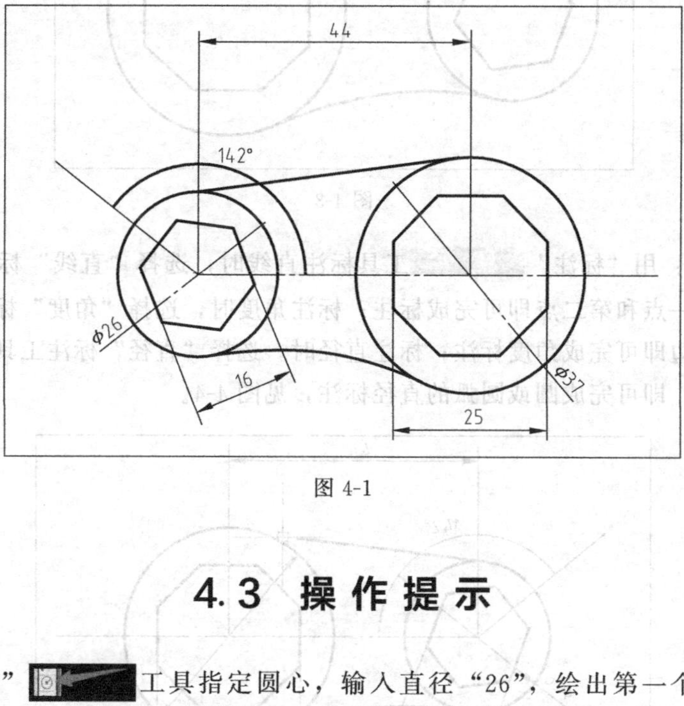

图 4-1

4.3　操作提示

① 用“圆形”工具指定圆心，输入直径“26”，绘出第一个圆，用“直线”工具绘出两圆间距 44，并调整该条线段线型为虚线。用“圆形”工具指定圆心，输入直径“37”，绘出第二个圆，用“多边形”工具输入多边形边数“6”，指定中心（即圆心），选择外切于圆，输入圆半径“13”，同理绘出第二个多边形见图 4-2。

② 鼠标右键点击“极轴追踪”，打开草图设置对话框，在“对象捕捉”选项卡中选中“切点”，绘出两圆的切线（如图中两圆上方）；然后选择“圆形”工具下的“相切，相切，半径”的绘圆模式，点击两圆上的两

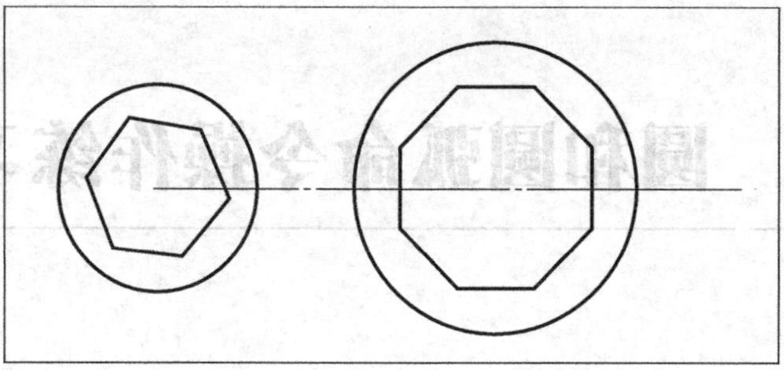

图 4-2

点，输入半径 25，绘出与两圆相切的圆（如图中两圆下方）；最后用“修剪”工具，选择要修剪掉的全部对象，按回车键，完成修剪操作，见图 4-3。

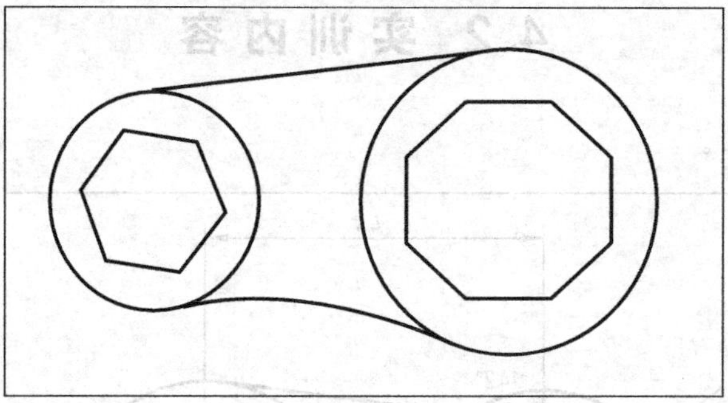

图 4-3

③ 尺寸标注：用“标注”工具标注直线时，选择“直线”标注工具，用鼠标指定直线段的第一点和第二点即可完成标注；标注角度时，选择“角度”标注工具用鼠标点击该角的两条夹边即可完成角度标注；标注直径时，选择“直径”标注工具，用鼠标指定该圆或该圆的圆弧，即可完成圆或圆弧的直径标注，见图 4-4。

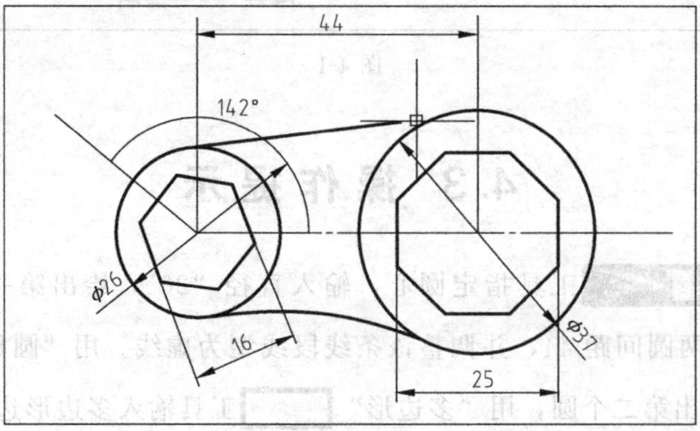

图 4-4

5 圆和直线命令操作练习

5.1 实训目的

熟悉和掌握圆和直线命令的操作以及练习修剪工具，进行图像修改。

5.2 实训内容

实训内容见图 5-1。

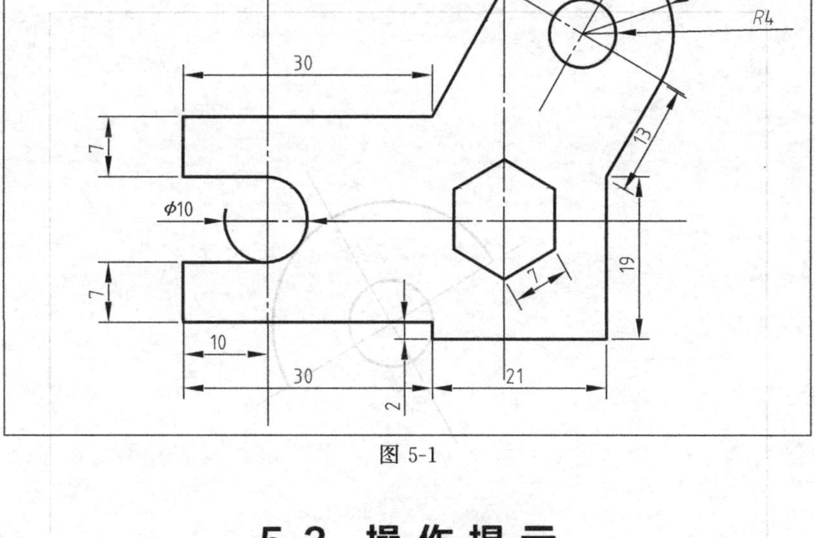

图 5-1

5.3 操作提示

① 根据圆的半径画小圆与小圆的同心圆，见图 5-2。

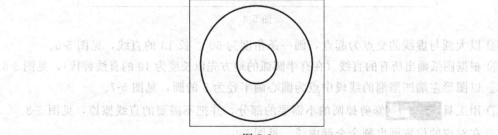

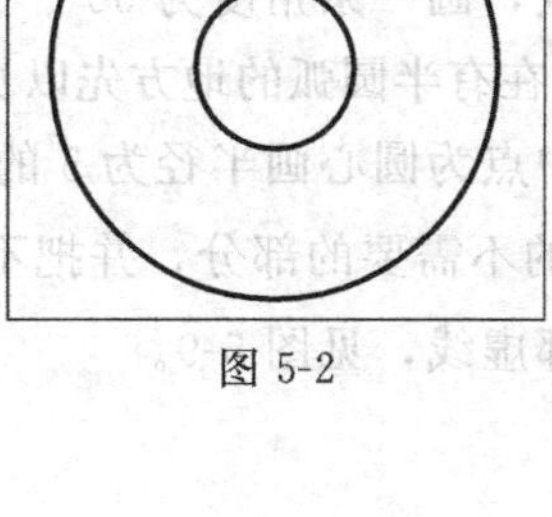

图 5-2

② 分别画出两条角度为 150°与 60°的虚线，并移到相应位置，见图 5-3。

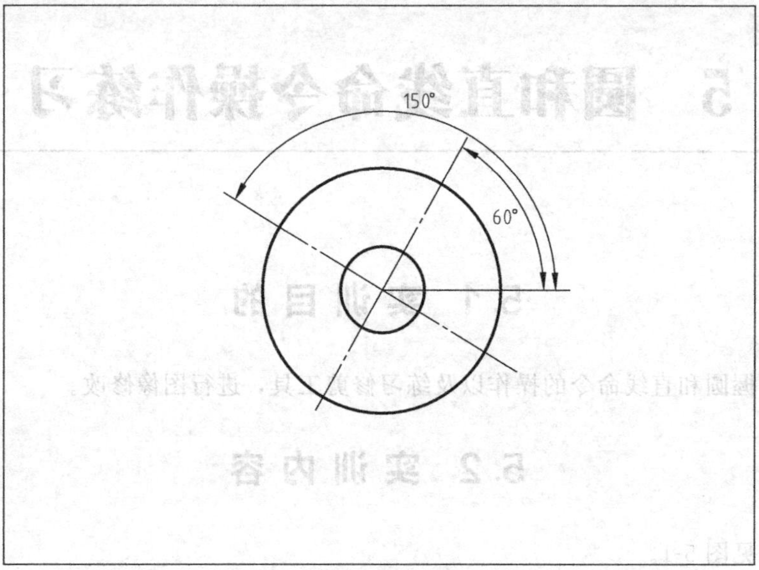

图 5-3

③ 用工具修剪掉大圆所不需要的部分，见图 5-4。

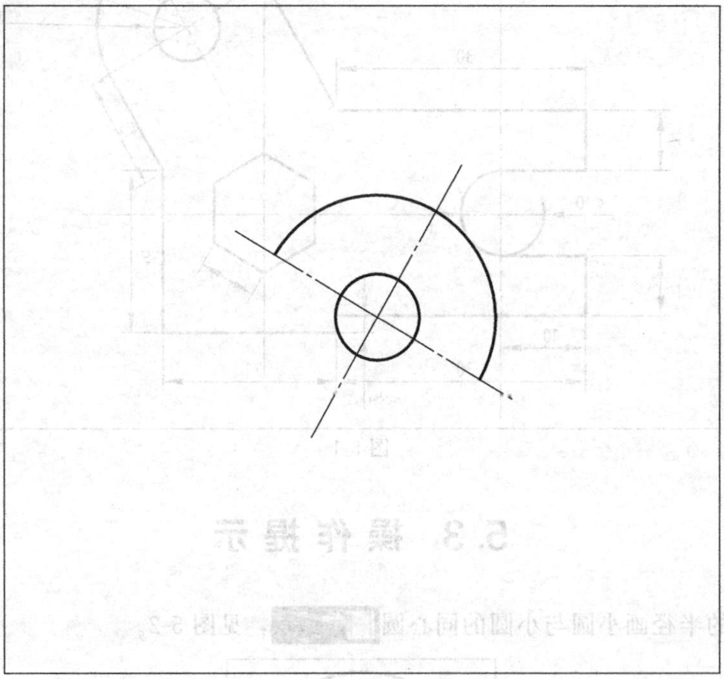

图 5-4

④ 以大圆与虚线的交点为起点，画一条角度为 60°、长 13 的直线，见图 5-5。

⑤ 根据图纸画出所有的直线（在有半圆弧的地方先以长度为 10 的直线替代），见图 5-6。

⑥ 以图形左端凹陷端的线段中点为圆心画半径为 5 的圆，见图 5-7。

⑦ 用工具修剪掉圆的不需要的部分，并把不需要的直线擦掉，见图 5-8。

⑧ 在对应的位置画出剩余全部虚线，见图 5-9。

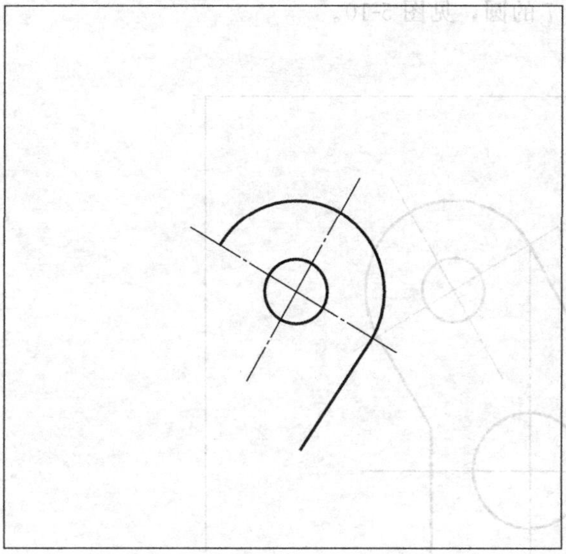

图 5-5

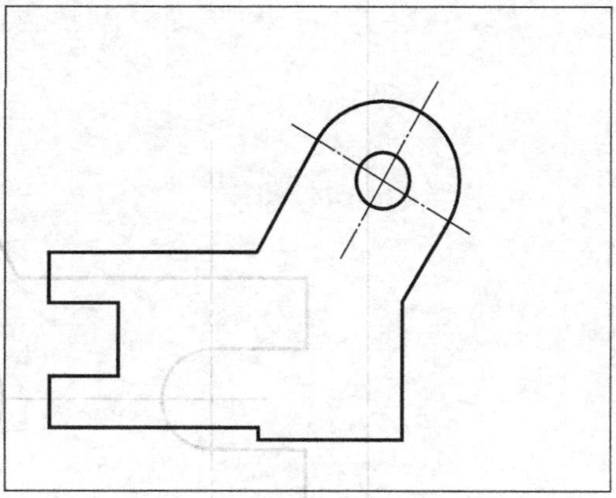

图 5-6

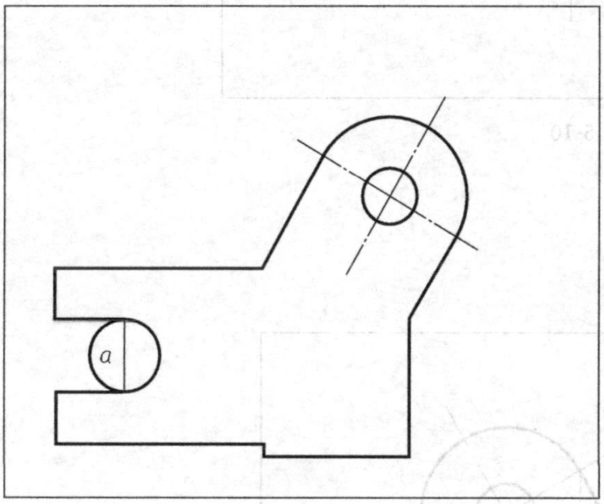

图 5-7

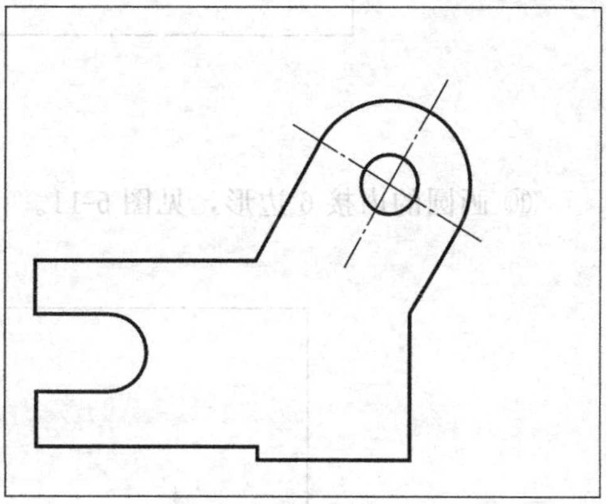

图 5-8

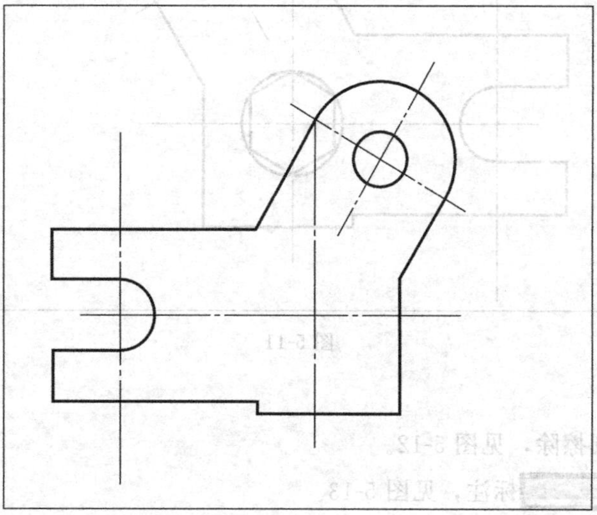

图 5-9

⑨ 以图中两虚线的交点为圆心画半径为 7 的圆，见图 5-10。

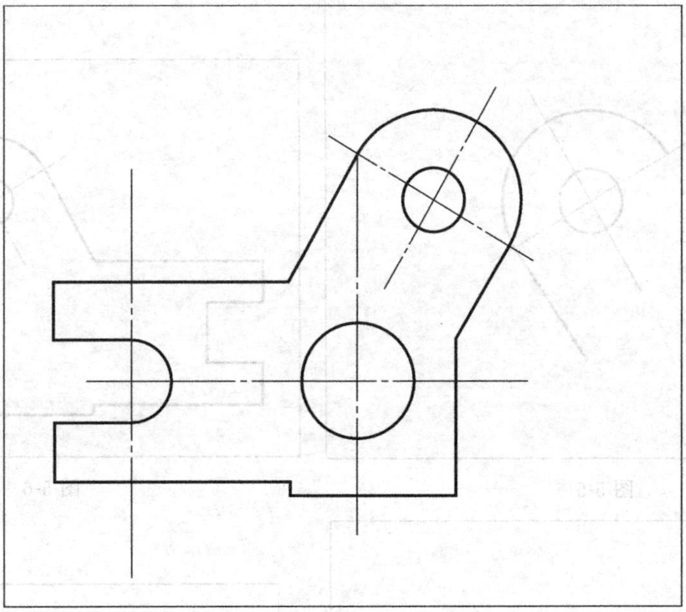

图 5-10

⑩ 画圆的内接 6 边形，见图 5-11。

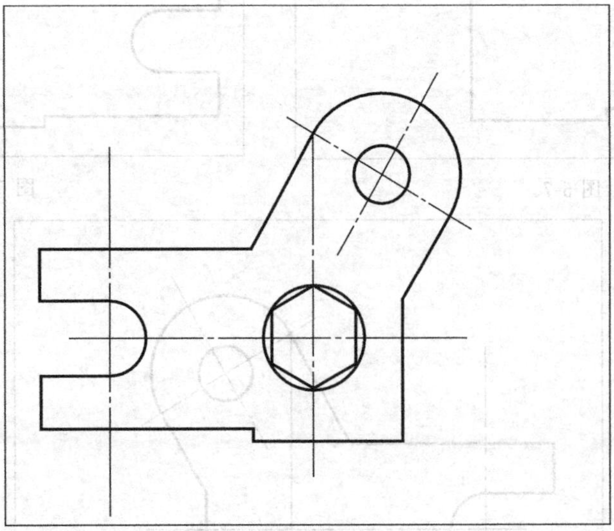

图 5-11

⑪ 将多边形的圆擦除，见图 5-12。

⑫ 用标注工具标注，见图 5-13。

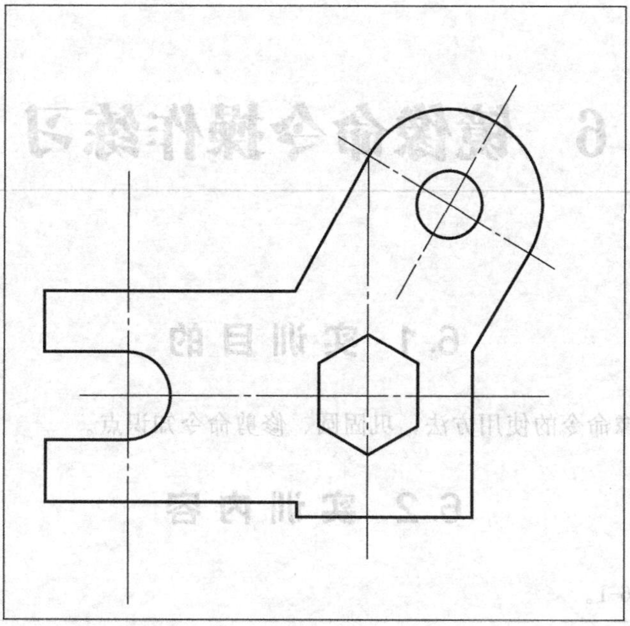

图 5-12

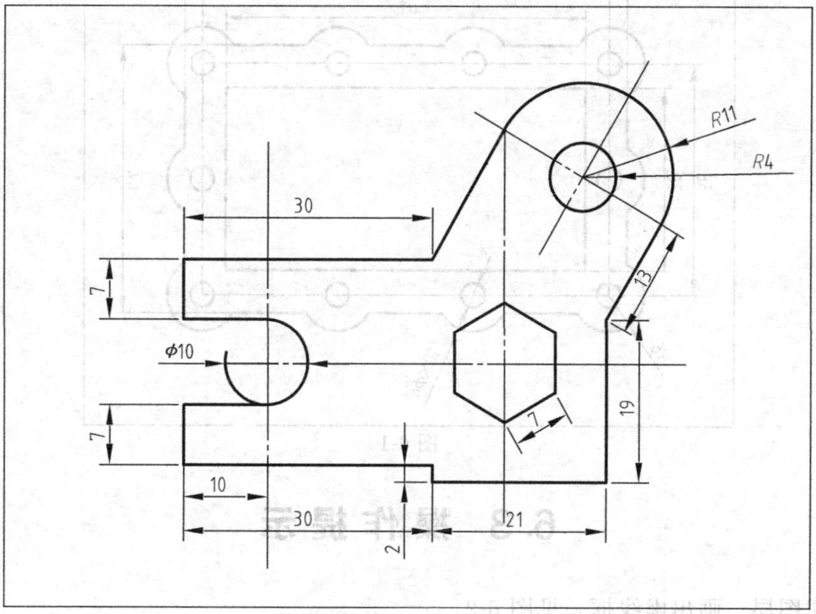

图 5-13

6 镜像命令操作练习

6.1 实训目的

熟悉和掌握镜像命令的使用方法，巩固圆、修剪命令知识点。

6.2 实训内容

实训内容见图 6-1。

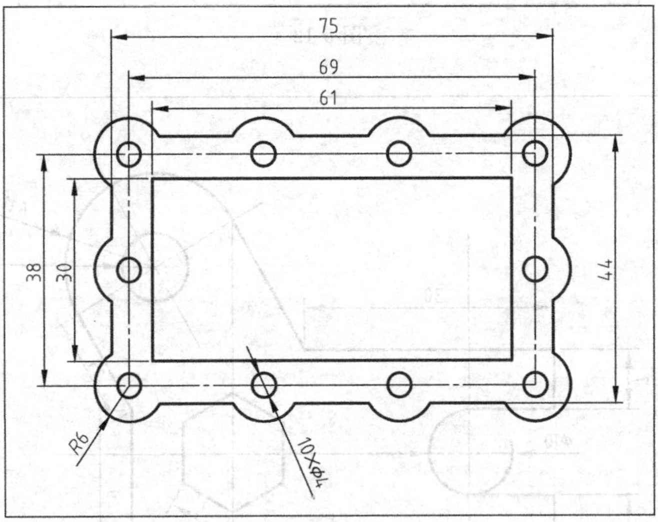

图 6-1

6.3 操作提示

① 新建图层，画出虚线框，见图 6-2。

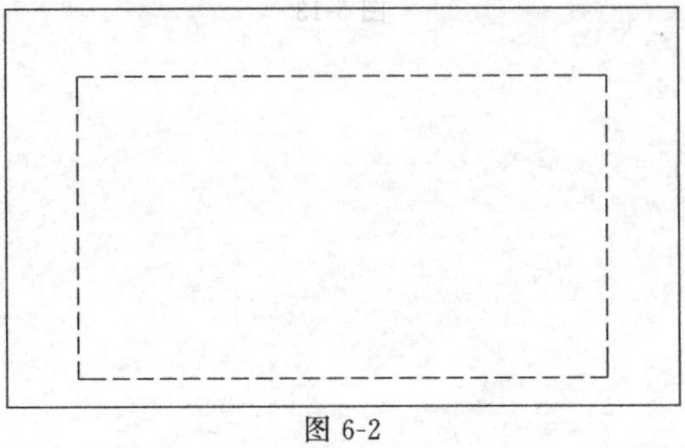

图 6-2

② 画好两个圆，见图 6-3。

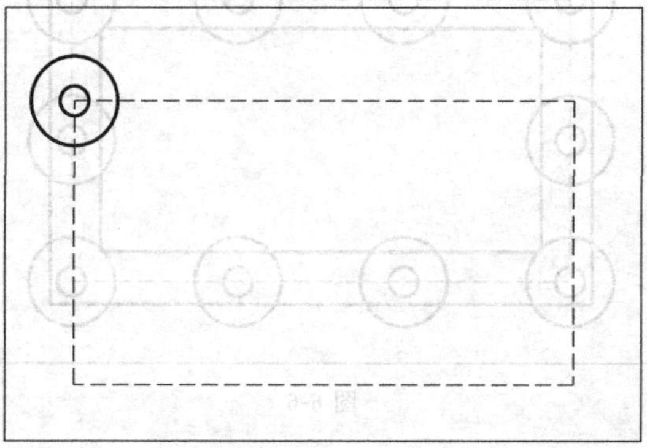

图 6-3

③ 运用矩形阵列将其他圆画出，见图 6-4。

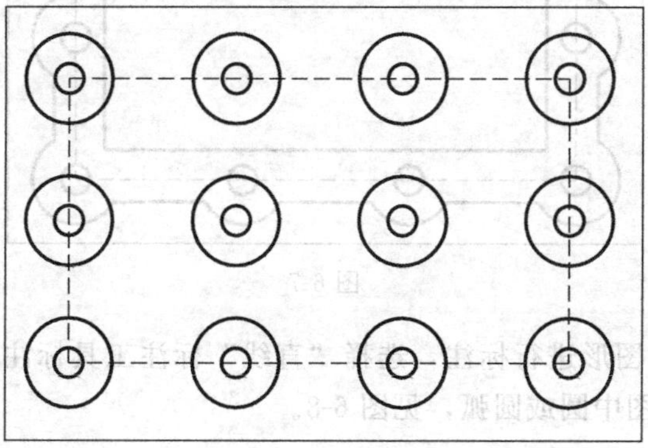

图 6-4

④ 选中全部圆，用分解命令将其分解为个体，再将虚线框中的两个圆删除，见图 6-5。

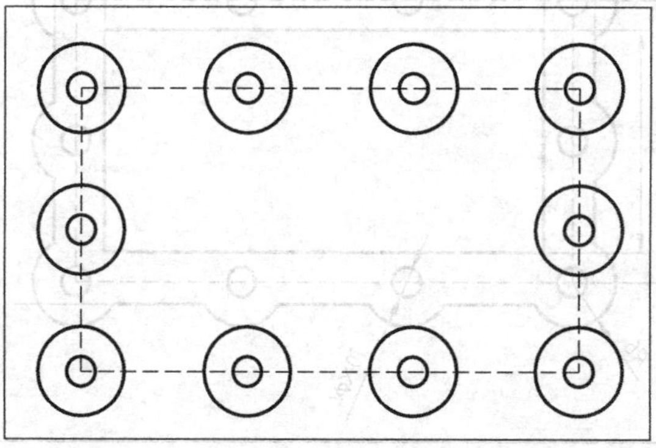

图 6-5

⑤ 根据图形尺寸，画出图中的两个框，见图 6-6。

⑥ 利用“修剪”  工具，处理图中多余的线条，见图 6-7。

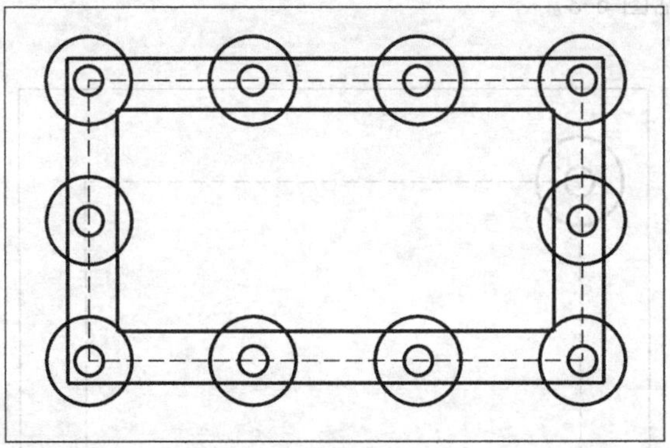

图 6-6

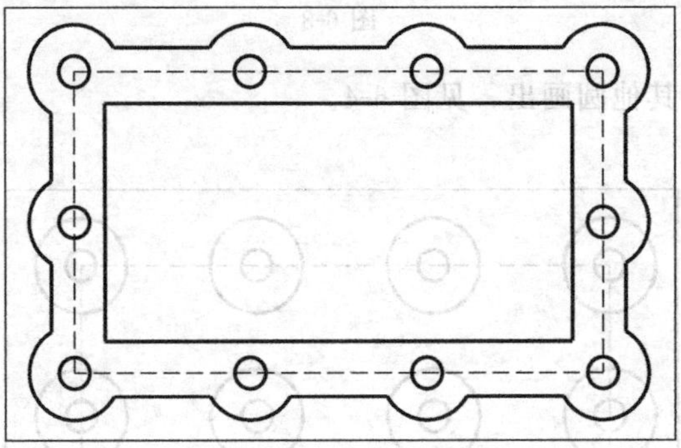

图 6-7

⑦ 运用标注命令对图形进行标注，选择“直线”标注工具标注图中直线，选择“半径或直径”标注工具标注图中圆或圆弧，见图 6-8。

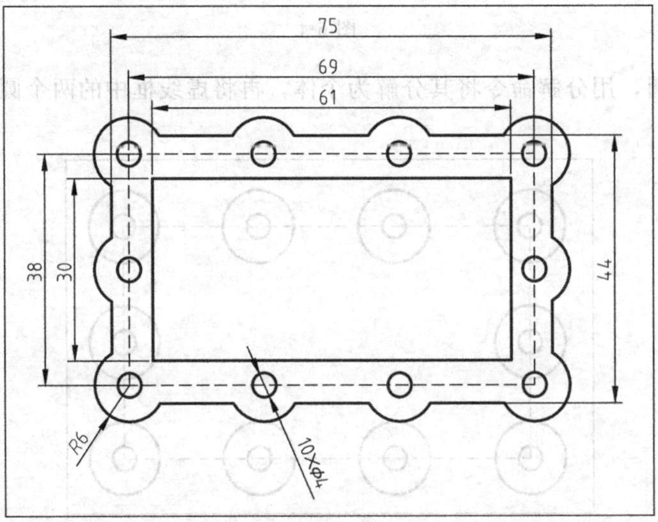

图 6-8

7 倒角、圆圆相切命令操作练习

7.1 实训目的

熟悉和掌握倒角、圆圆相切的使用方法。

7.2 实训内容

实训内容见图 7-1

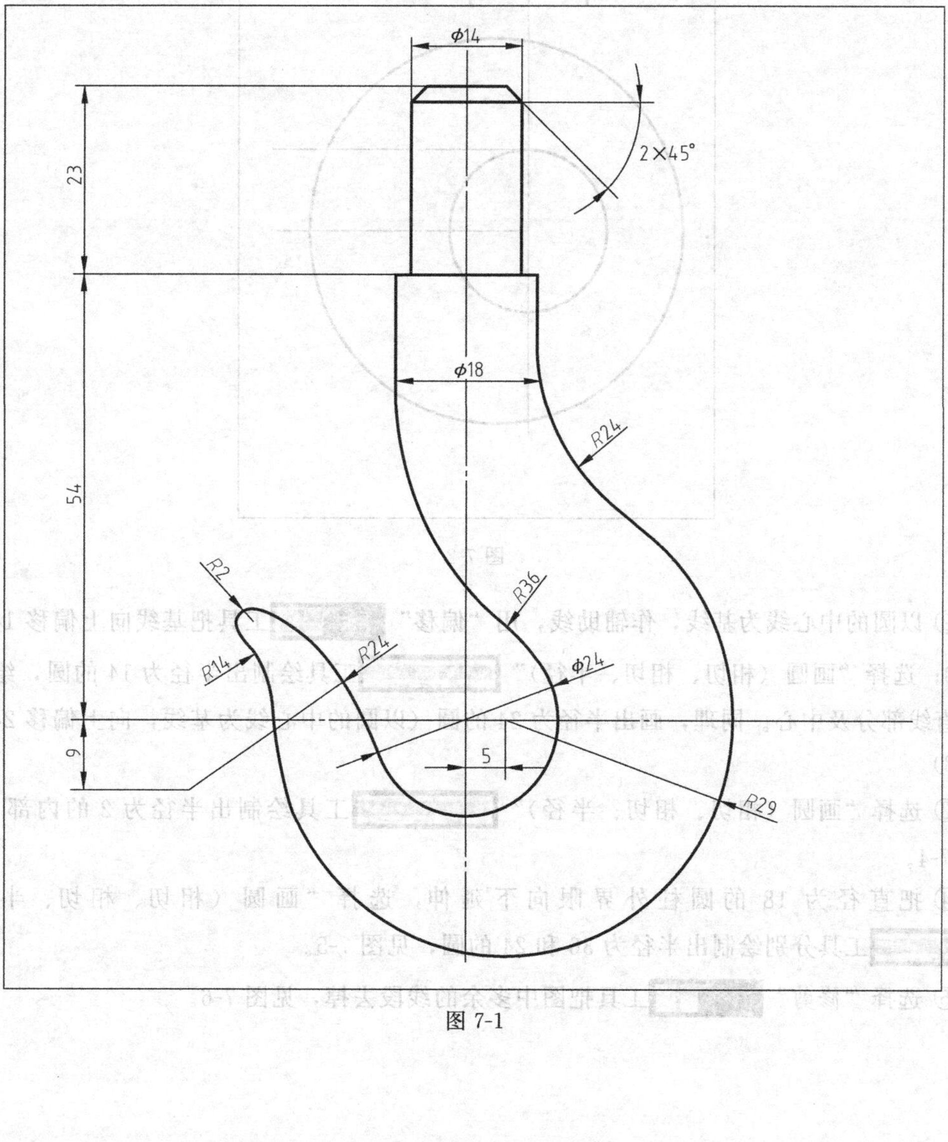

图 7-1

7.3 操作提示

① 用“直线”工具绘出图纸中直线部分及中心轴辅助线。根据两圆心距用“圆形”工具绘制圆，指定圆心，输入半径，见图 7-2。

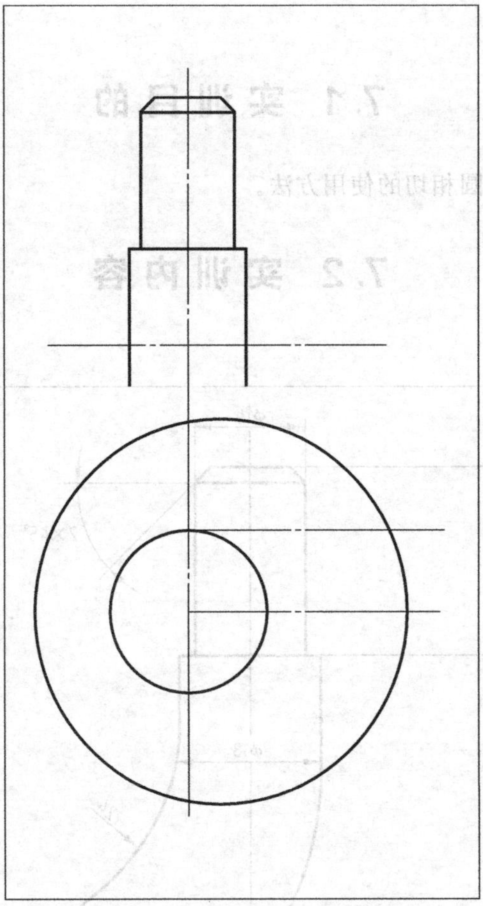

图 7-2

② 以圆的中心线为基线，作辅助线，用“偏移”工具把基线向上偏移 14，见图 7-3；选择“画圆（相切、相切、半径）”工具绘制出半径为 14 的圆，绘出图纸中直线部分及中心。同理，画出半径为 24 的圆（以圆的中心线为基线，向上偏移 24，见图 7-3）。

③ 选择“画圆（相切、相切、半径）”工具绘制出半径为 2 的内部小圆，见图 7-4。

④ 把直径为 18 的圆柱外界限向下延伸，选择“画圆（相切、相切、半径）”工具分别绘制出半径为 36 和 24 的圆，见图 7-5。

⑤ 选择“修剪”工具把图中多余的线段去掉，见图 7-6。

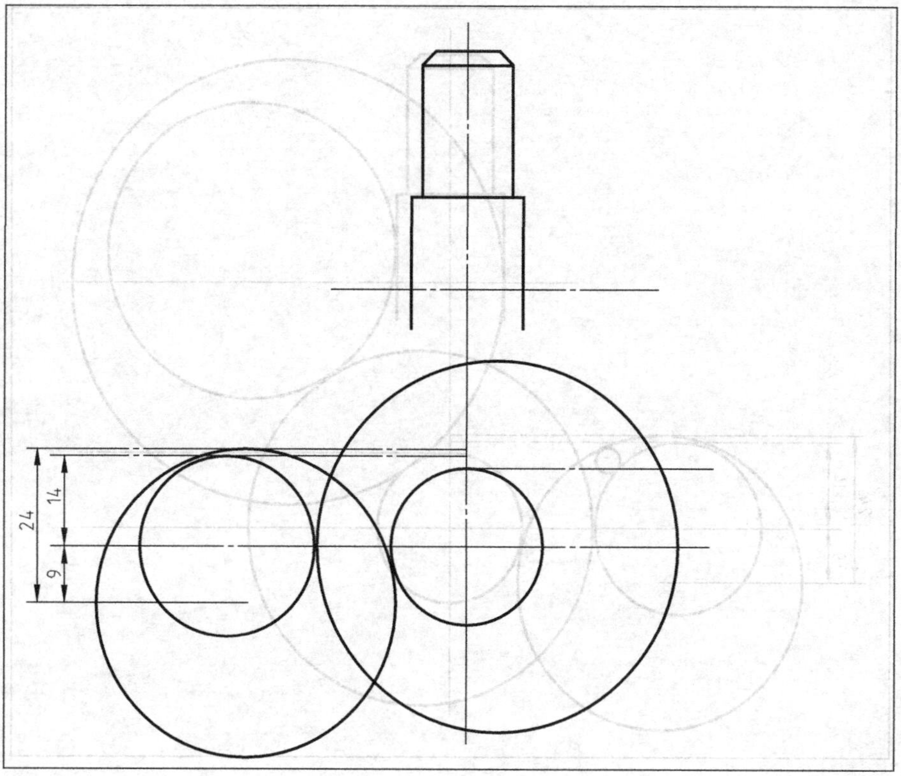

图 7-3

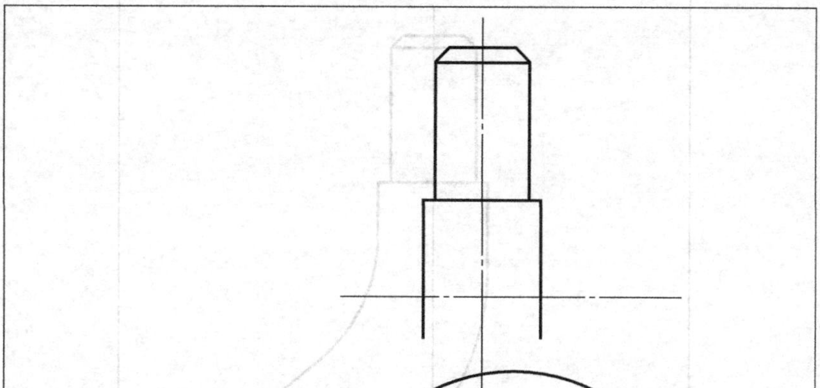

图 7-4

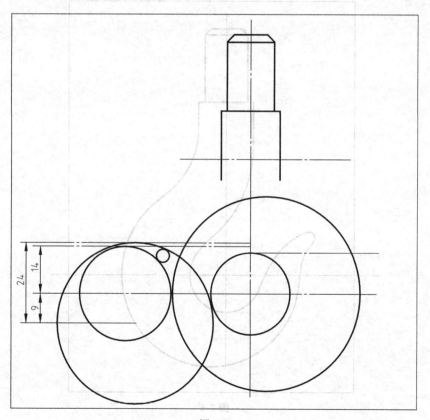

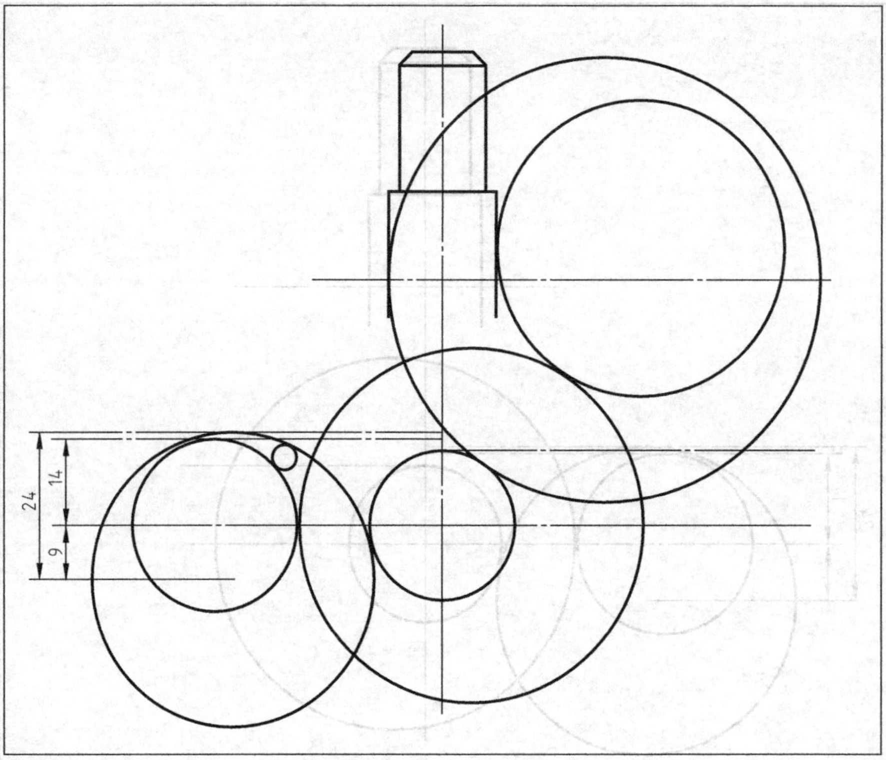

图 7-5

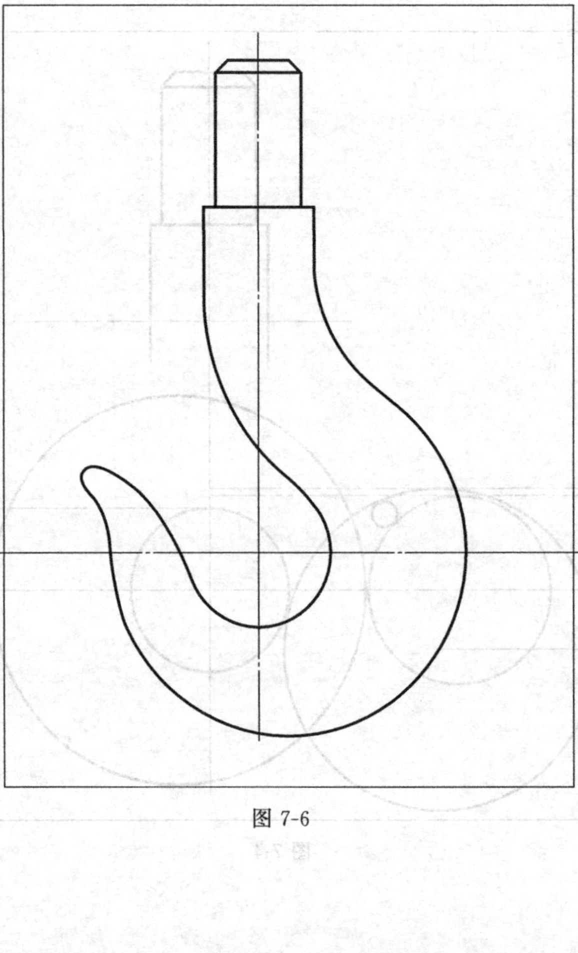

图 7-6

⑥ 分别选择“线性标注、半径标注” 

工具把图中线段和圆弧标注出来，见图 7-7。

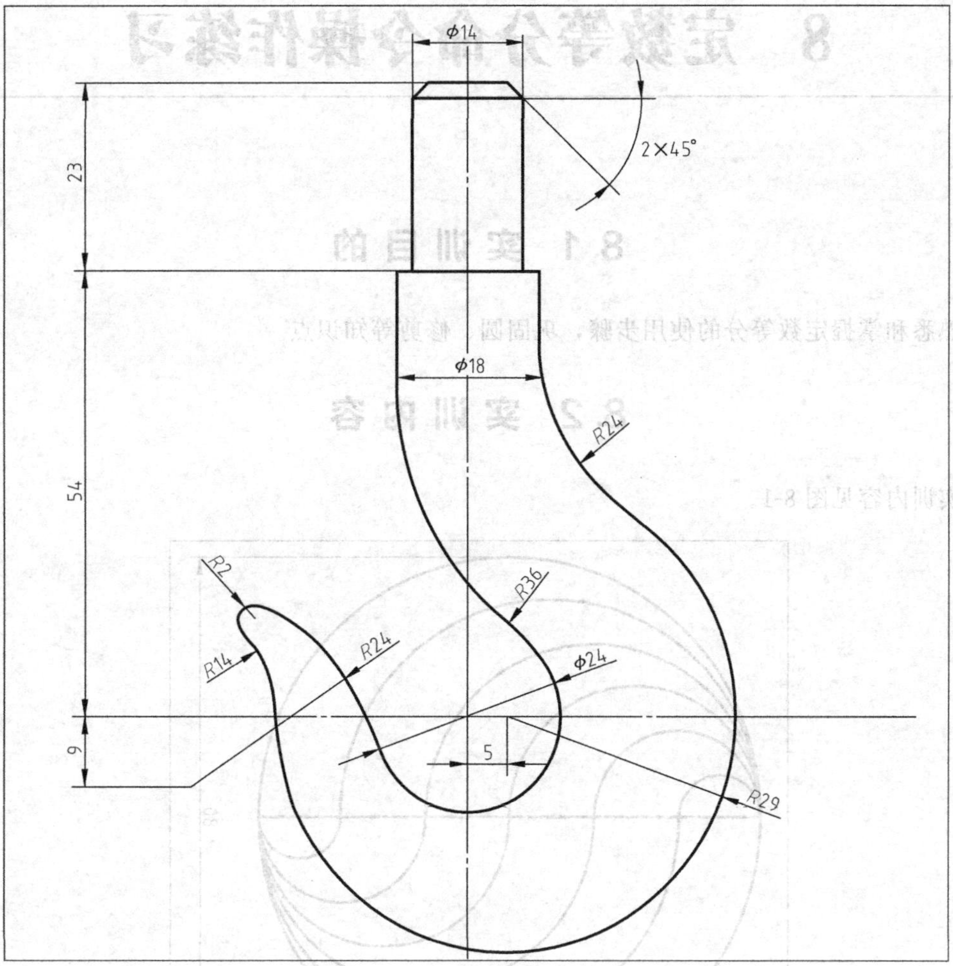

图 7-7

8　定数等分命令操作练习

8.1 实训目的

熟悉和掌握定数等分的使用步骤，巩固圆、修剪等知识点。

8.2 实训内容

实训内容见图 8-1。

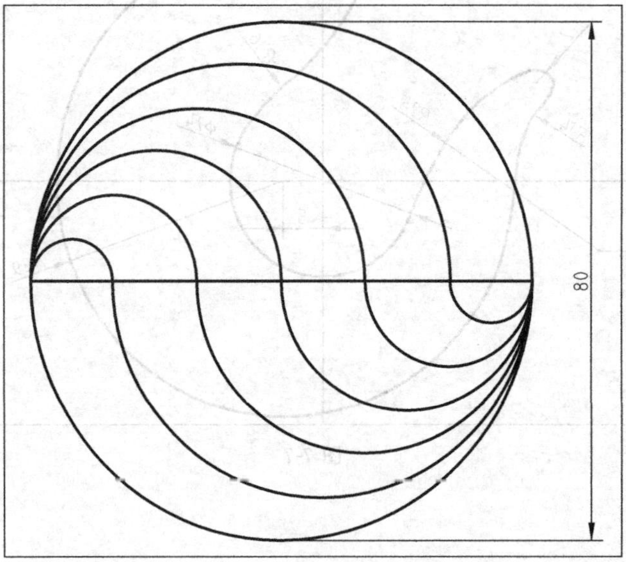

图 8-1

8.3 操作提示

① 先画一条长为 80 的线段，然后将这条线段 6 等分（如图 8-2 所示）。

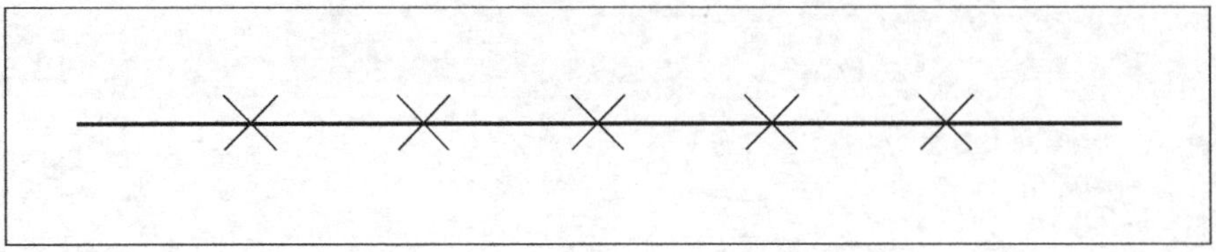

图 8-2

② 使用“多段线”命令，在“指定起点：指定下一个点或[圆弧(A)/半宽(H)/长度(L)/放弃(U)/宽度(W)]：”提示下输入“a”，在“指定圆弧的端点或[角度(A)/圆心(CE)/方向(D)/半宽(H)/直线(L)/半径(R)/第二个点(S)/放弃(U)/宽度(W)]：”提示下输入“d”，开始绘制圆弧的方向（如图 8-3 所示）。

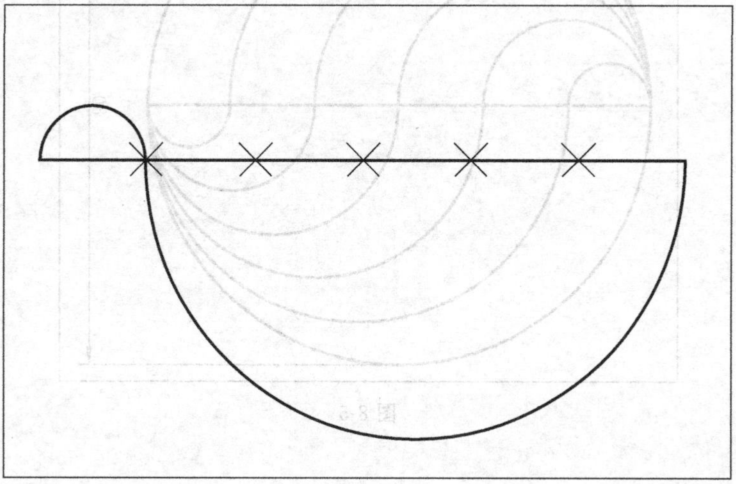

图 8-3

③ 重复以上的操作，完成圆弧的绘制（如图 8-4 所示）。

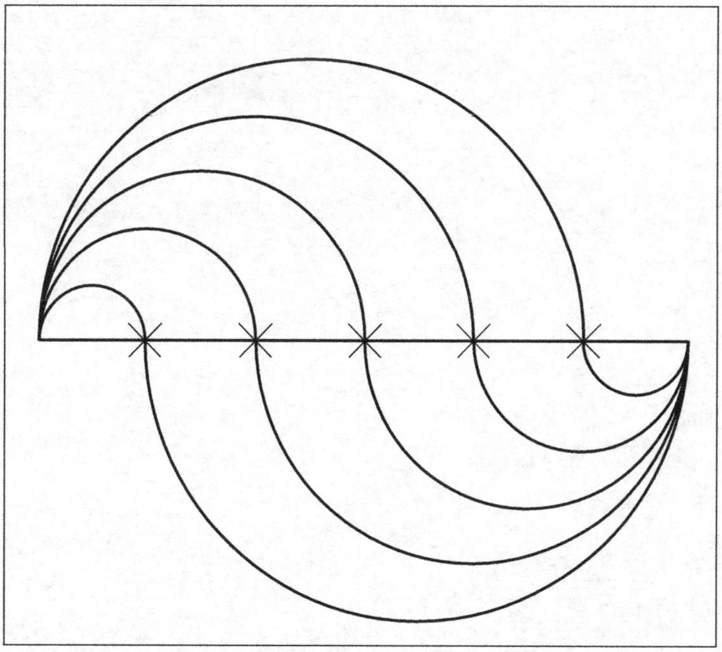

图 8-4

④ 选择“圆”命令，捕捉圆的中点，在“指定圆的半径或 [直径(D)]”提示下输入“35”，按回车键。

⑤ 删除辅助线，添加尺寸标注（如图 8-5 所示）。

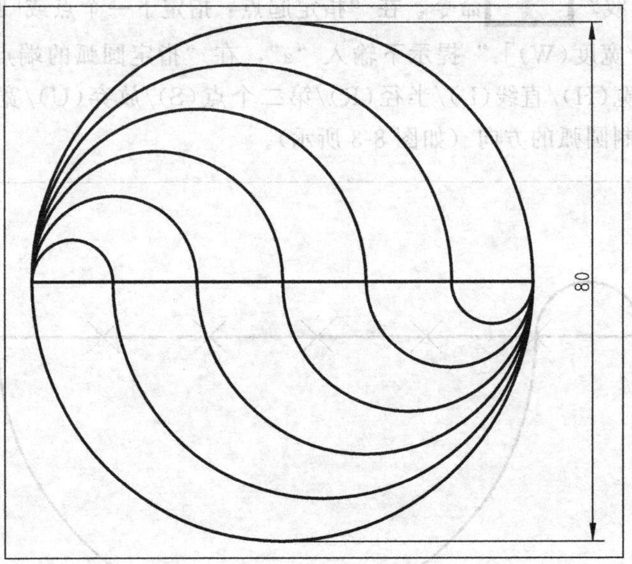

图 8-5

9 圆、圆弧、修剪工具操作练习

9.1 实训目的

熟悉和掌握圆、圆弧、修剪命令的使用方法。

9.2 实训内容

实训内容见图 9-1。

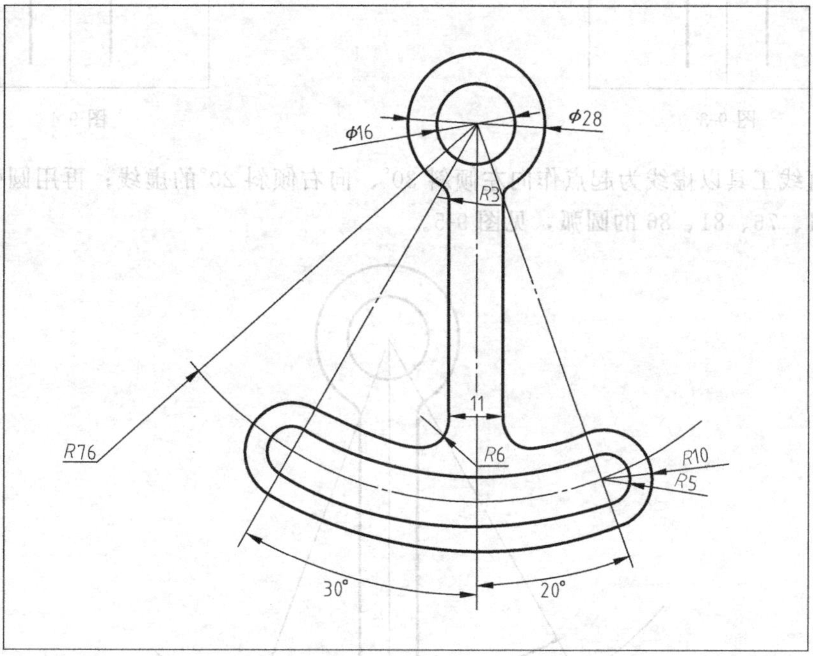

图 9-1

9.3 操作提示

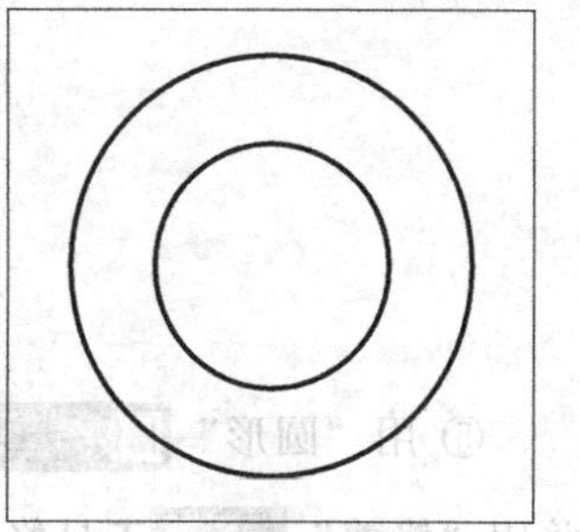

图 9-2

① 用“圆形”工具，画两个直径各为 16、28 的同心圆，见图 9-2。

② 用“直线”工具以同心圆圆心为起点向下方作虚线，再以虚线为对称线在两侧作两条直线，间距为 11，见图 9-3。

③ 用圆形工具画两个半径为 3、相切于直线和同心圆的

圆，并用“修剪”工具修剪干净，见图 9-4。

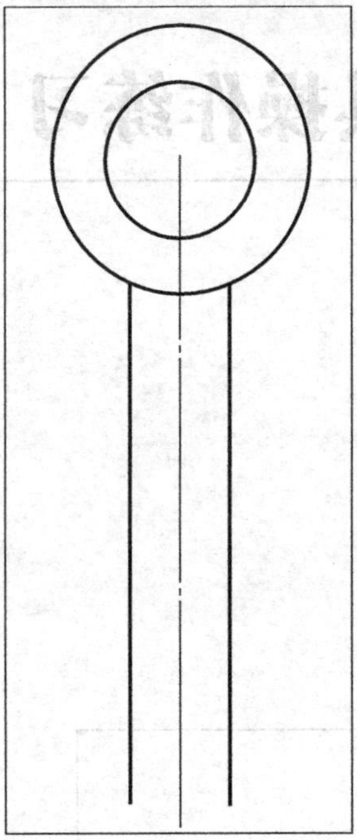

图 9-3

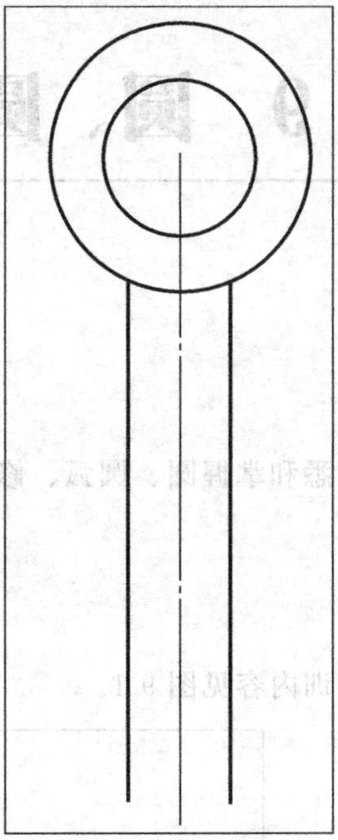

图 9-4

④ 用直线工具以虚线为起点作向左倾斜 30°、向右倾斜 20°的虚线；再用圆弧工具画半径为 66、71、76、81、86 的圆弧，见图 9-5。

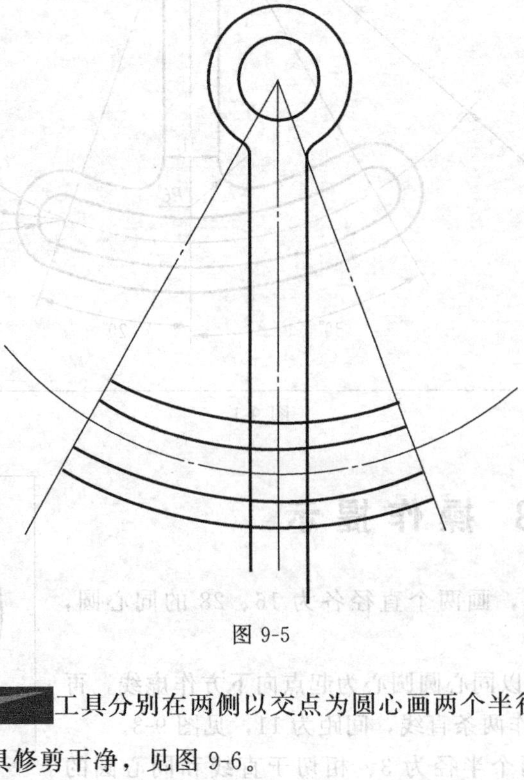

图 9-5

⑤ 用“圆形” 工具分别在两侧以交点为圆心画两个半径各为 5、10 的同心圆，并用“修剪” 工具修剪干净，见图 9-6。

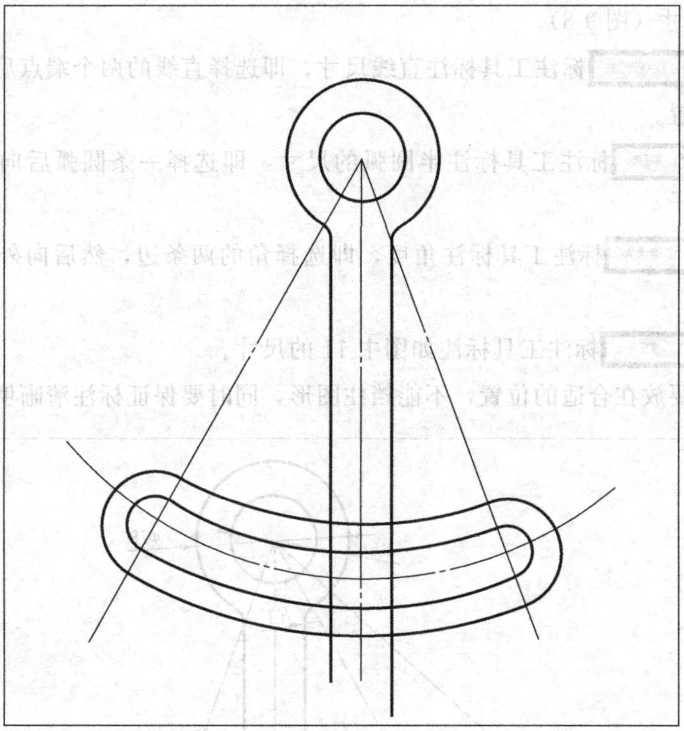

图 9-6

⑥ 用“圆形”工具画相切于半径为 66 的圆弧和直线的圆，半径为 6，并用“修剪”工具修剪干净，见图 9-7。

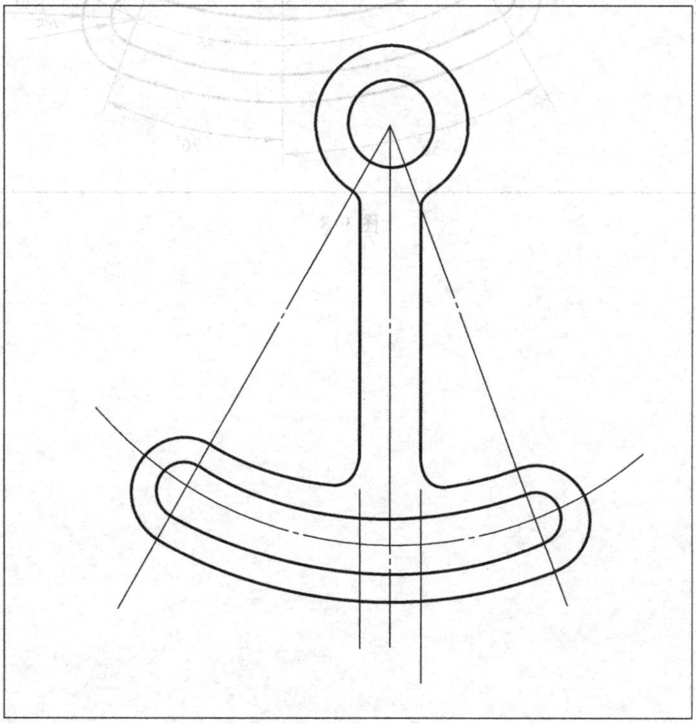

图 9-7

⑦ 标注好尺寸（图 9-8）。

用“线性”

标注工具标注直线尺寸，即选择直线的两个端点后向外拉伸，将标注放在合适的位置。

用“半径”

标注工具标注半圆弧的尺寸，即选择一条圆弧后向外拉伸，放在合适的位置。

用“角度”

标注工具标注角度，即选择角的两条边，然后向外拉伸，放在合适的位置。

用“对齐”

标注工具标注如图中 11 的尺寸。

注意，标注要放在合适的位置，不能挡住图形，同时要保证标注清晰明了。

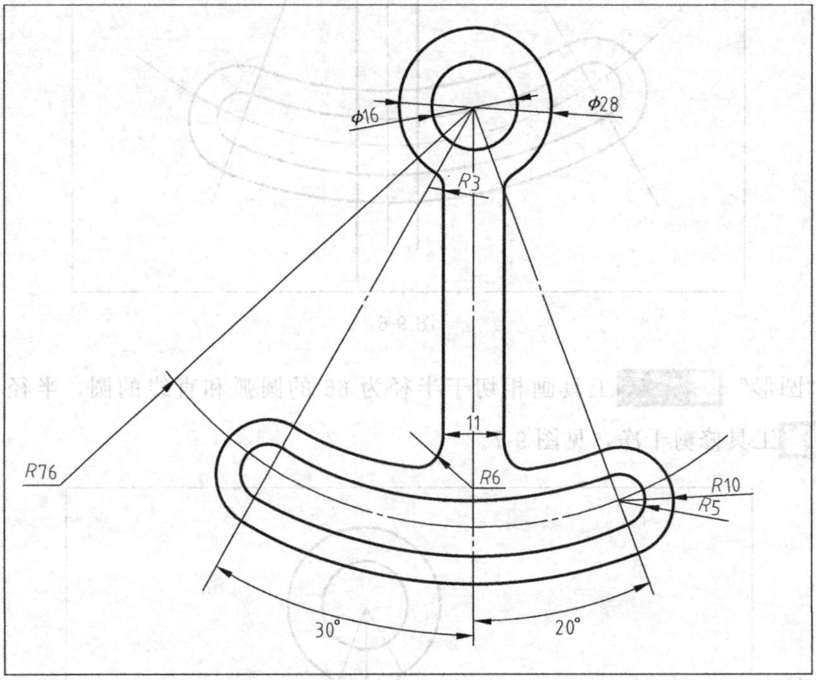

图 9-8

10 圆、环形阵列命令操作练习（一）

10.1 实训目的

熟悉和掌握圆、环形阵列命令的使用方法。

10.2 实训内容

实训内容见图 10-1。

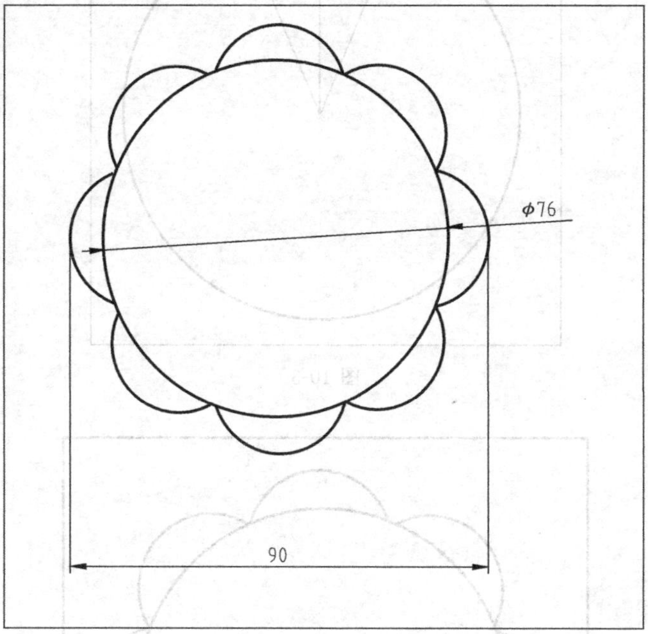

图 10-1

10.3 操作提示

① 用“圆形”  工具画一个直径为 76 的圆，见图 10-2。

② 以圆心为起点用“直线”工具画一条长度为 45 的直线，并用同样的方法画两条直线使其各向左向右旋转 22.5°，再用“圆弧”工具画一条圆弧，见图 10-3。

③ 用“阵列”  工具选中圆弧和圆，使其项目数为 8，见图 10-4。

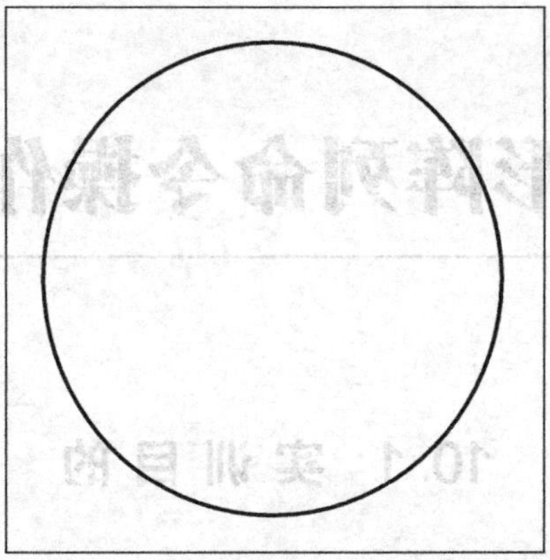

图 10-2

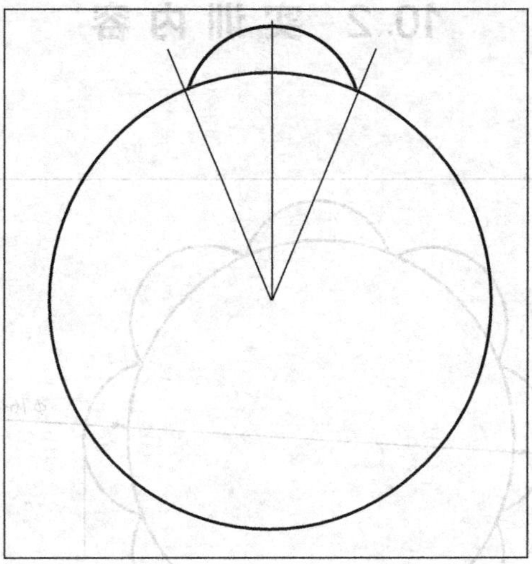

图 10-3

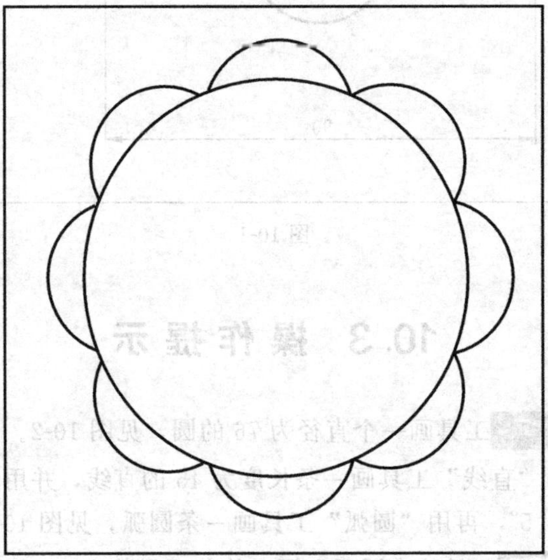

图 10-4

④ 标注好尺寸，见图 10-5。

用“线性”标注工具标注两侧圆弧间距，即选择两圆弧的端点然后向外拉伸，将标注放在合适的位置。

用“直径”标注工具标注圆的尺寸，即选择圆然后向外拉伸，将标注放在合适的位置。

注意，标注要放在合适的位置，不能挡住圆形，同时要保证标注清晰明了。

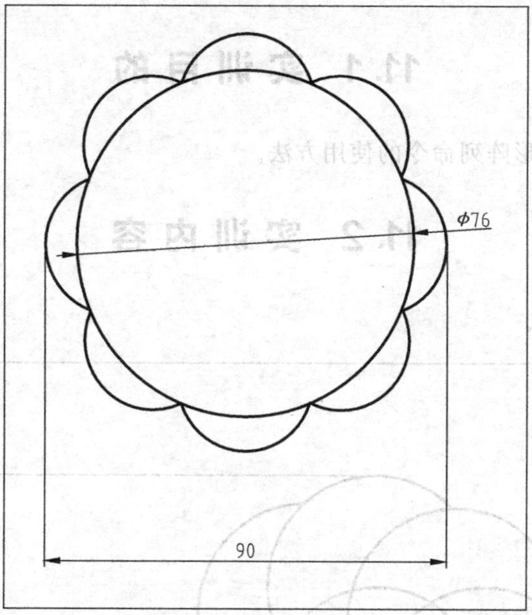

图 10-5

11 圆、环形阵列命令操作练习（二）

11.1 实训目的

熟悉和掌握圆、环形阵列命令的使用方法。

11.2 实训内容

实训内容见图 11-1。

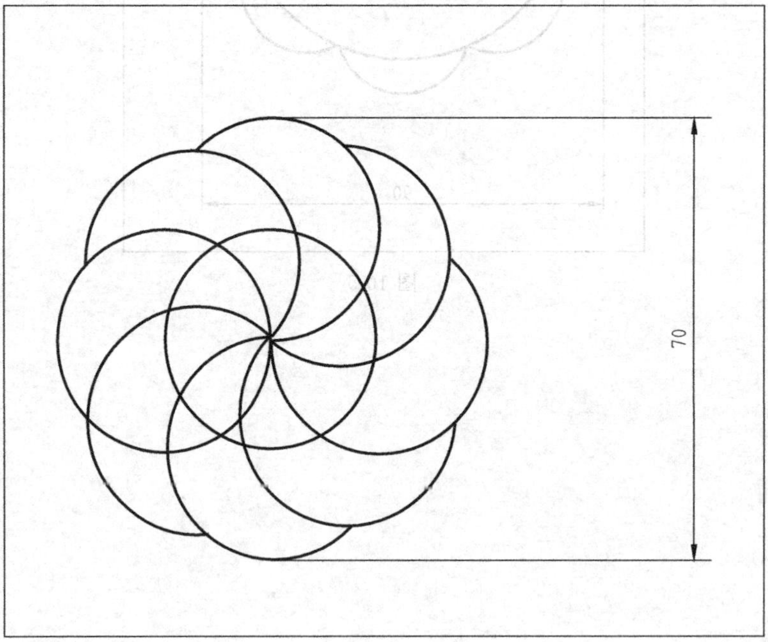

图 11-1

11.3 操作提示

① 用“圆形”  工具画一个直径为 35 的圆，见图 11-2。

② 在圆心处用“直线”  工具画一条长度为 70 的直线，以其交点为圆心用“圆形”工具画一个直径为 35 的圆，在其 45°处画同样直径为 35 的圆，并用“修剪”工具修剪干净，见图 11-3。

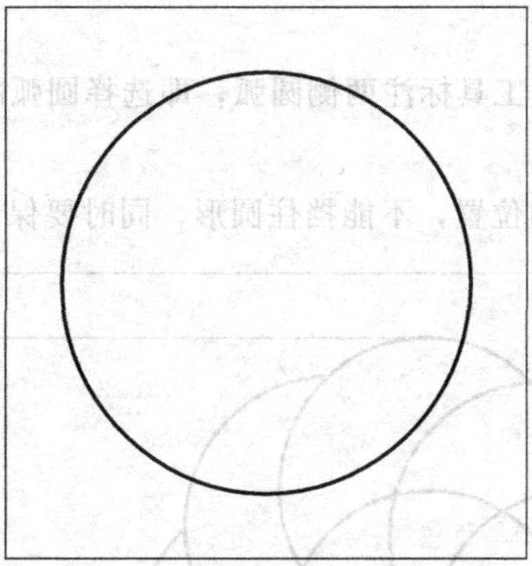

图 11-2

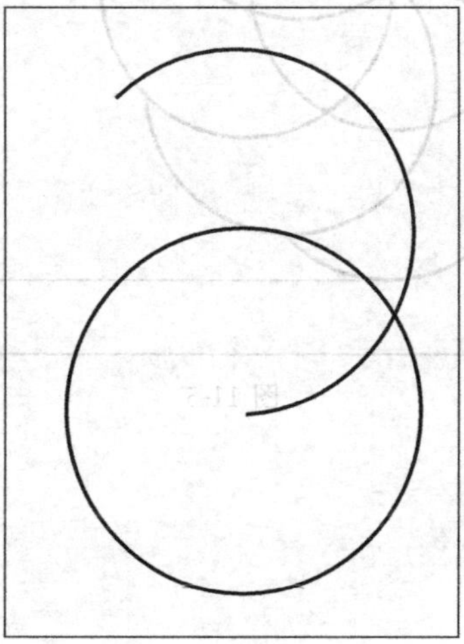

图 11-3

③ 用“环形阵列”  工具选中圆弧和圆，使其项目数为 8，见图 11-4。

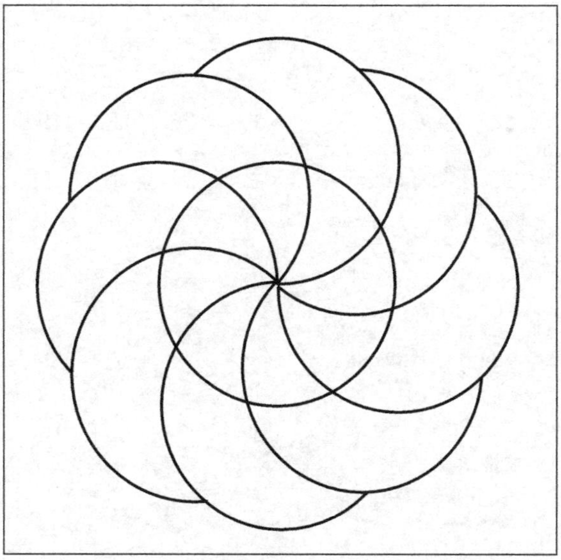

图 11-4

④ 标注尺寸，见图 11-5。

用“线性”

标注工具标注两侧圆弧，即选择圆弧的两个端点然后向外拉伸，将标注放在合适的位置。

注意，标注要放在合适的位置，不能挡住圆形，同时要保证标注清晰明了。

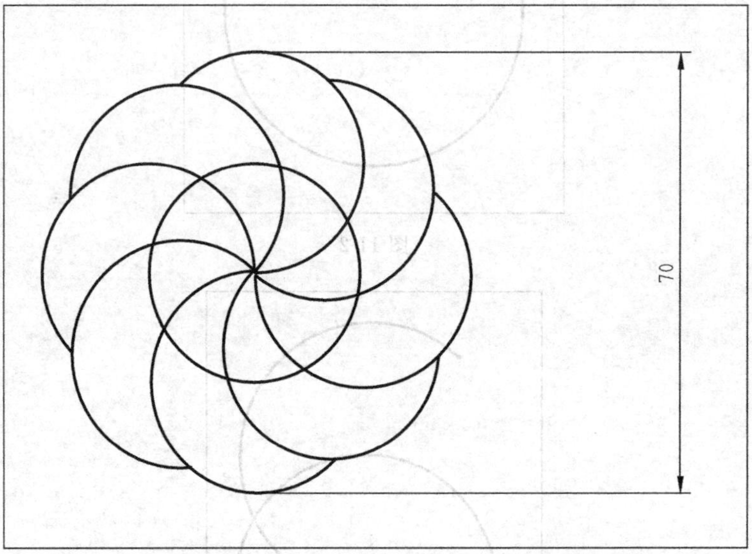

图 11-5

12　圆弧、正多边形命令操作练习

12.1　实 训 目 的

熟悉和掌握圆弧、正多边形命令的使用方法，巩固内接多边形的操作步骤。

12.2　实 训 内 容

实训内容见图 12-1。

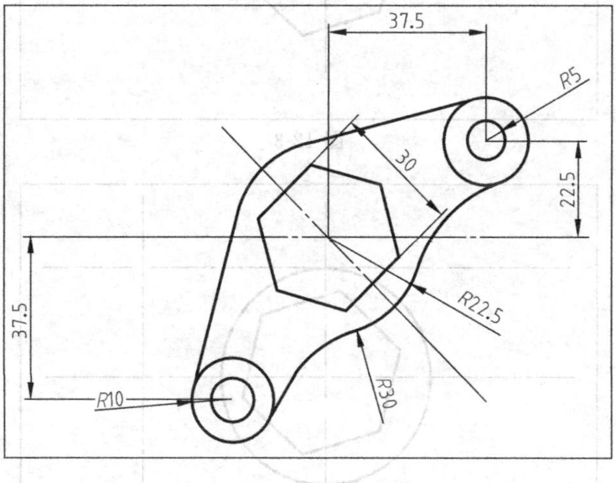

图 12-1

12.3　操 作 提 示

① 用“直线”  工具，画一个坐标轴，用“多边形”工具画外切圆半径为 30 的六边形，见图 12-2。

② 用“旋转”  工具以 *A* 为基点逆时针旋转 45 度，见图 12-3。

③ 用“偏移”  工具把竖轴向右偏移 37.5，把横轴向上偏移 22.5，见图 12-4。

④ 用“圆形” 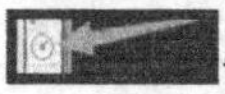 工具以 *B* 点为圆心画半径为 5 和 10 的圆，见图 12-5。

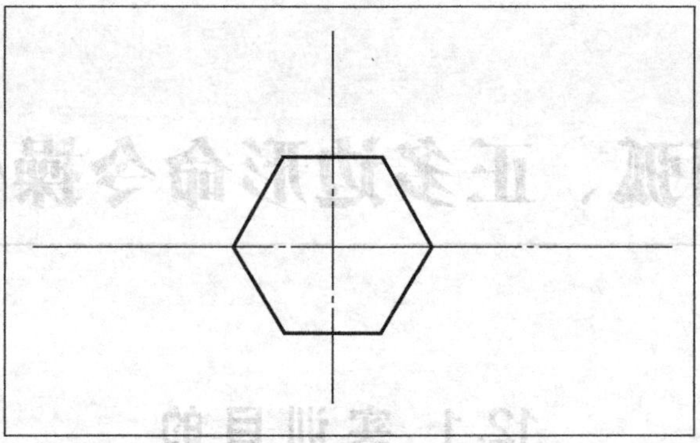

图 12-2

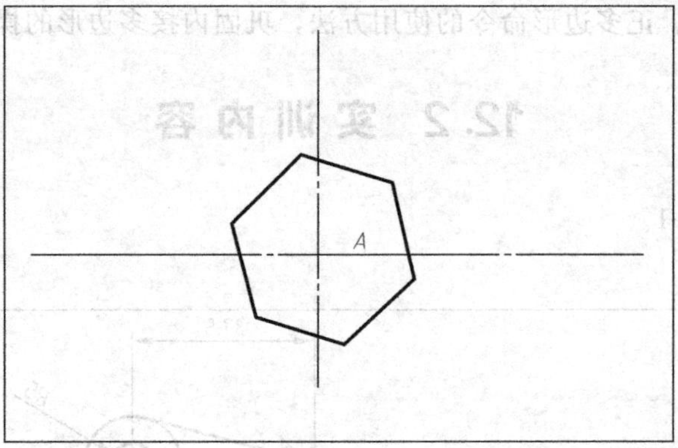

图 12-3

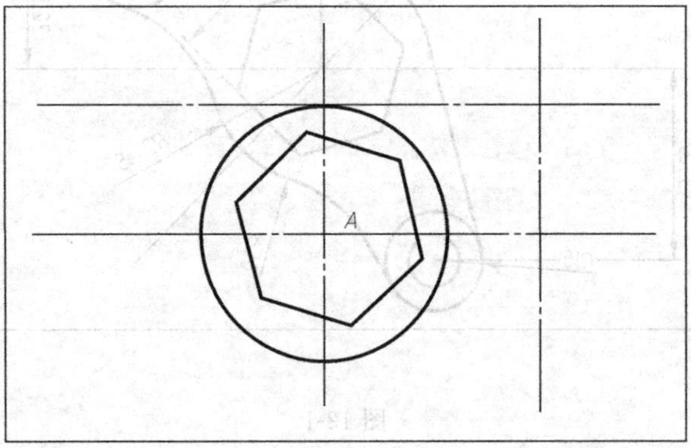

图 12-4

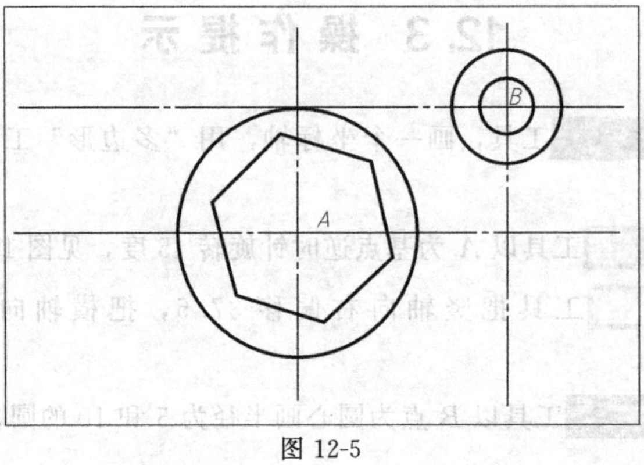

图 12-5

⑤ 用“圆形”工具，用命令 T 画切点为 C、D 的圆，见图 12-6。

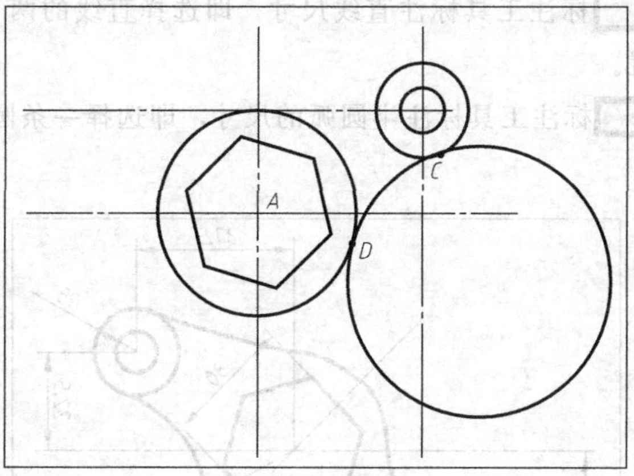

图 12-6

⑥ 用“直线”工具，连接两圆的顶端 F、E，见图 12-7。

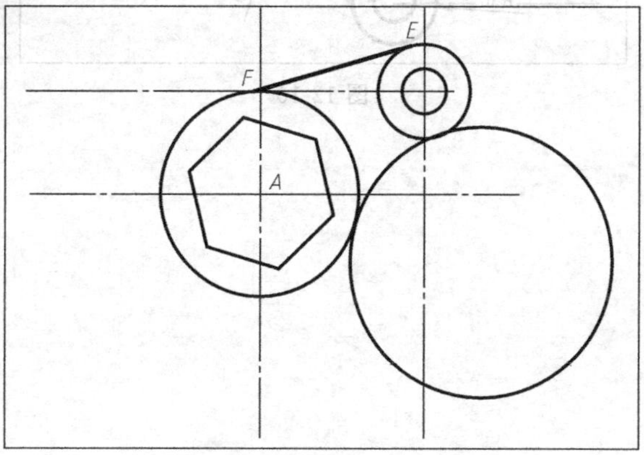

图 12-7

⑦ 用直线工具绘出与外切圆 A 直径夹角为 135°的辅助线 L，然后用“修剪”工具修剪掉多余的线段，见图 12-8。

⑧ 用“镜像”工具，以 L 基准线进行镜像，见图 12-9。

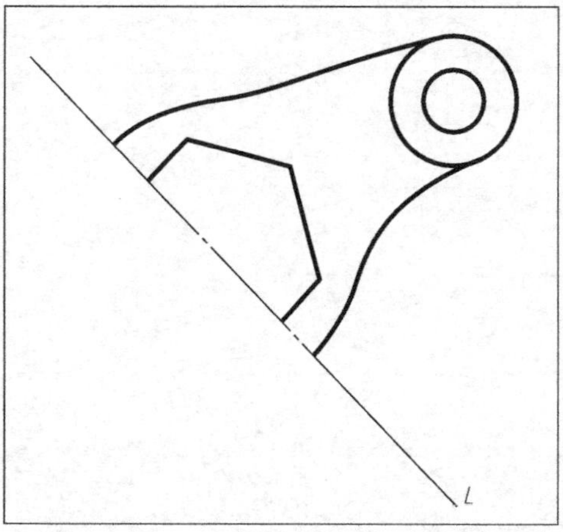

图 12-8

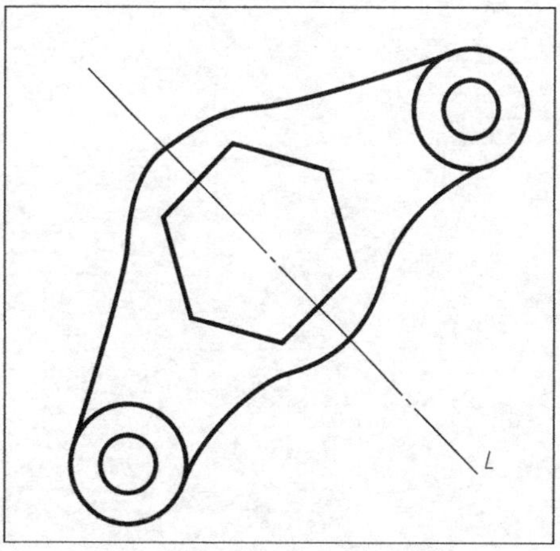

图 12-9

⑨ 标注好尺寸，见图 12-10。

用“线性”标注工具标注直线尺寸，即选择直线的两个端点然后向外拉伸，将标注放在合适的位置。

用“半径”标注工具标注半圆弧的尺寸，即选择一条圆弧然后向外拉伸，放在合适的位置。

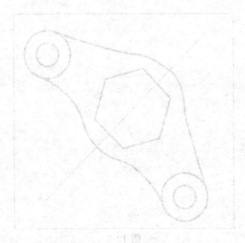

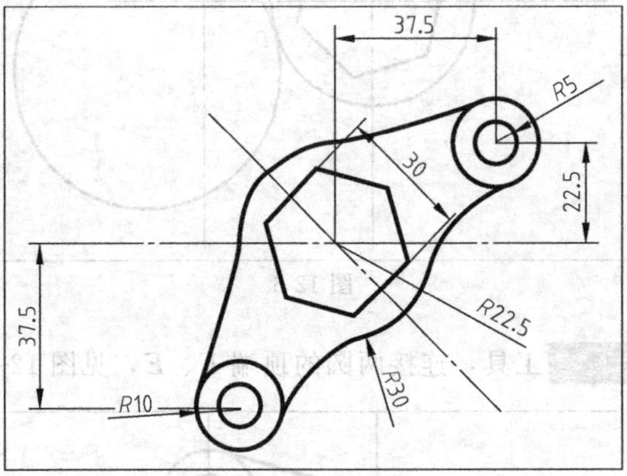

图 12-10

13　环形阵列、同心圆命令操作练习

13.1　实训目的

熟悉和掌握环形阵列、同心圆的使用方法；巩固同心圆的绘制步骤。

13.2　实训内容

实训内容见图 13-1。

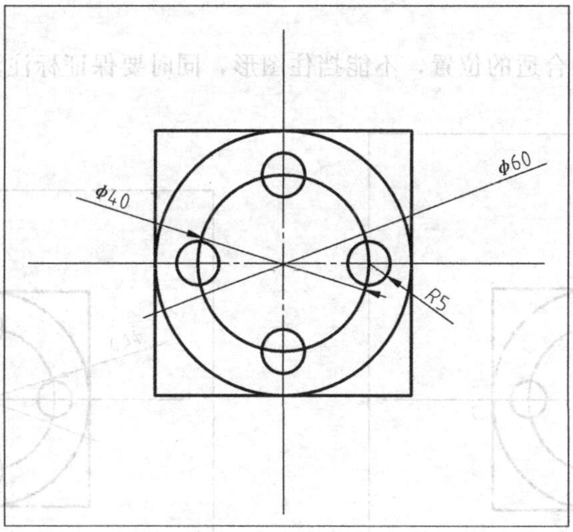

图 13-1

13.3　操作提示

① 用“直线”工具按所给长度画出坐标轴，用“圆形”工具以坐标中心为圆心，画直径为 60 和 40 的圆，见图 13-2。

② 用“圆形”工具以坐标轴和小圆重合的四个点为圆心，画半径为 5 的圆，见图 13-3。

③ 用“偏移”工具以 AC 到 D 的距离或以 BD 到 A 的距离进行偏移，依此类推画出正方形，见图 13-4。

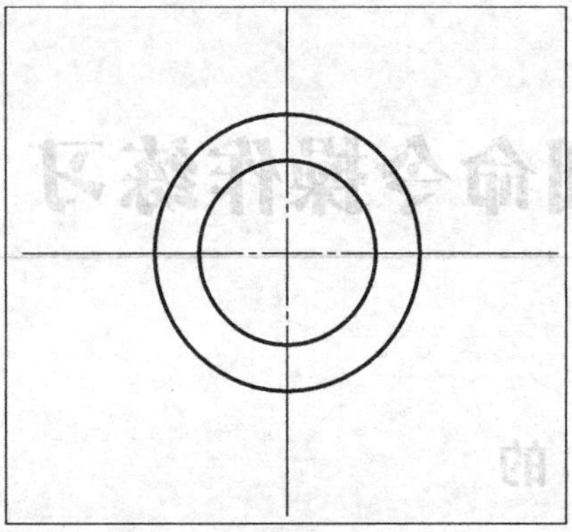

图 13-2

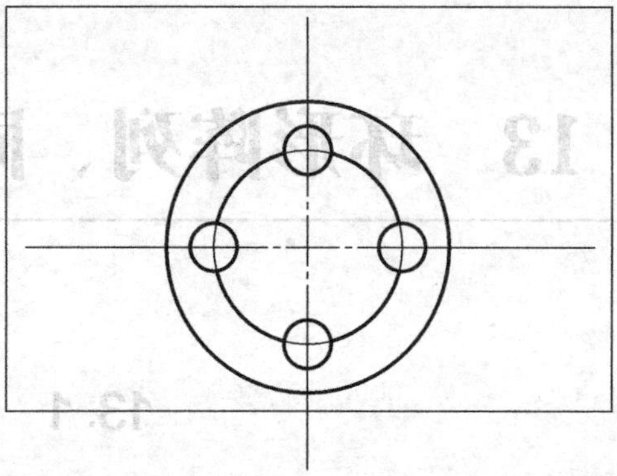

图 13-3

④ 标注好尺寸，见图 13-5。

用“线性”

标注工具标注直线尺寸，即选择直线的两个端点然后向外拉伸，将标注放在合适的位置。

用“半径”

标注工具标注半圆弧的尺寸，即选择一条圆弧然后向外拉伸，放在合适的位置。

注意，标注要放在合适的位置，不能挡住图形，同时要保证标注清晰明了。

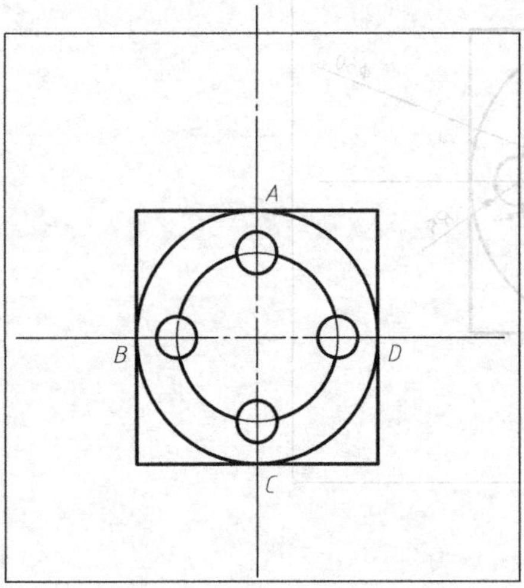

图 13-4

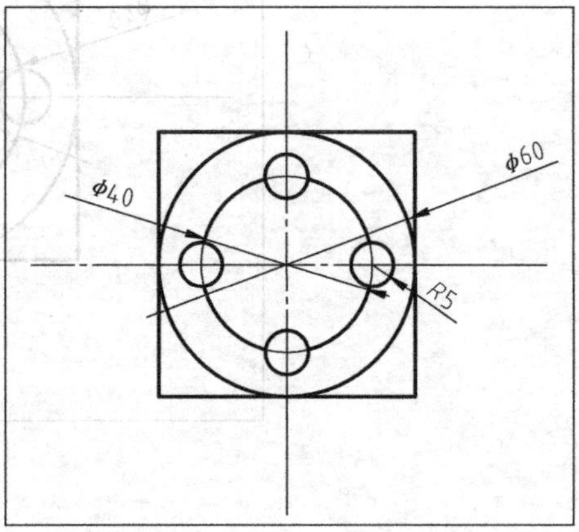

图 13-5

14　内接圆、内接多边形命令操作练习

14.1 实训目的

熟悉和掌握内接圆、内接多边形命令的使用方法，巩固内接圆的方法。

14.2 实训内容

实训内容见图 14-1。

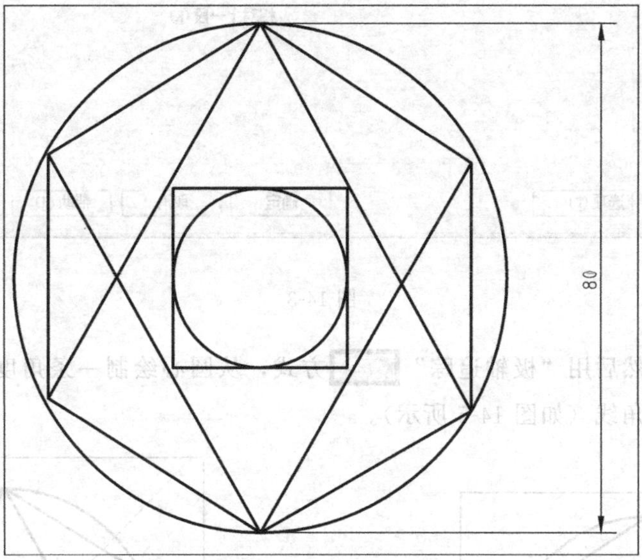

图 14-1

14.3 操作提示

① 先对“极轴追踪”进行设置，鼠标右击状态栏上的“极轴”，点击“设置”按钮（如图 14-2 所示）。

② 在“极轴追踪”对话框中勾选“启用极轴追踪（F10）”选项，在“增量角”栏填写 45°（改成 45°的意思是：凡是 45°的倍数都能追踪得到）（如图 14-3 所示）。

③ 先画一个直径为 70 的圆，再画一个内接于圆的正六边形（如图 14-4 所示）。

④ 根据“对象捕捉”的特性，用直线工具依次连接相间隔的顶点，完成六边

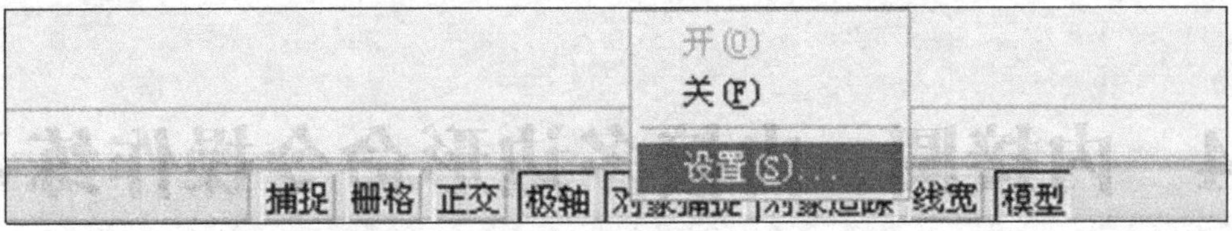

图 14-2

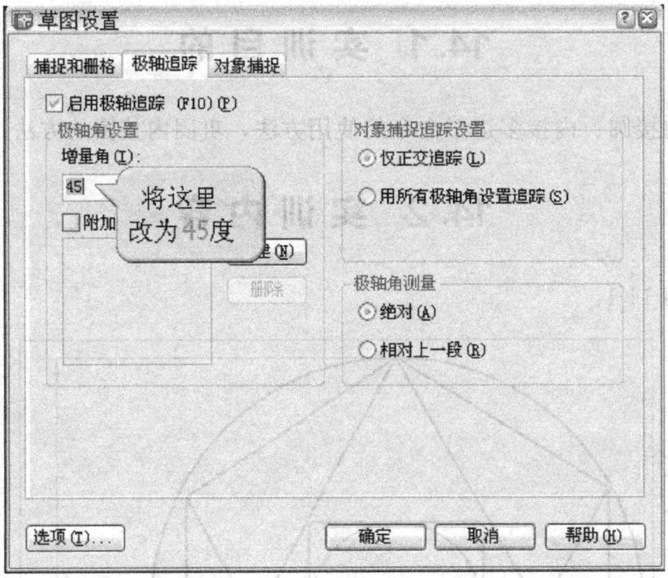

图 14-3

形内直线的绘制；然后用“极轴追踪”方式，从圆心绘制一条角度为45°的直线，并相交于六边形的对角线（如图14-5所示）。

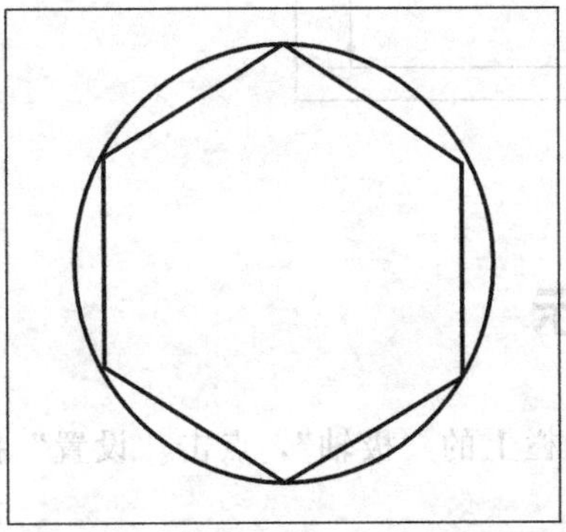

图 14-4

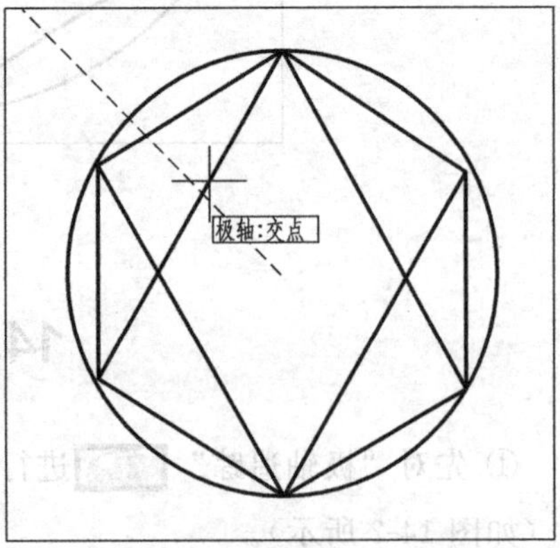

图 14-5

⑤ 使用“直线”命令连接其余直线（如图14-6所示）。

⑥ 捕捉大圆的圆心，在矩形里面绘制一个小圆，并添加尺寸标注（如图14-7所示）。

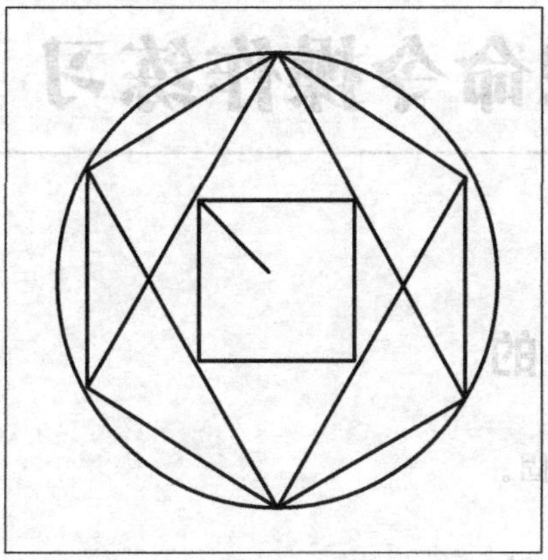

图 14-6

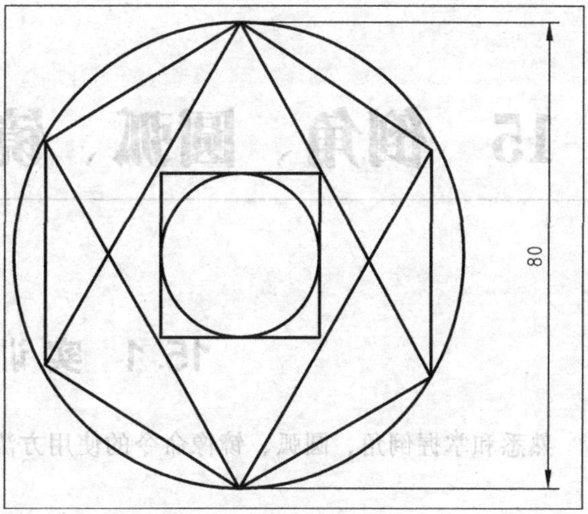

图 14-7

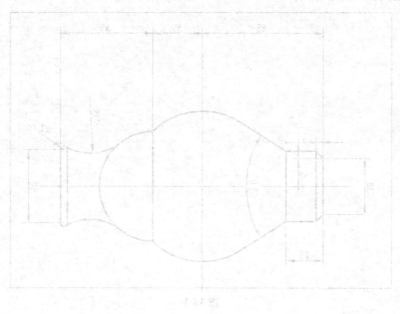

15 倒角、圆弧、镜像命令操作练习

15.1 实训目的

熟悉和掌握倒角、圆弧、镜像命令的使用方法并巩固。

15.2 实训内容

实训内容见图 15-1。

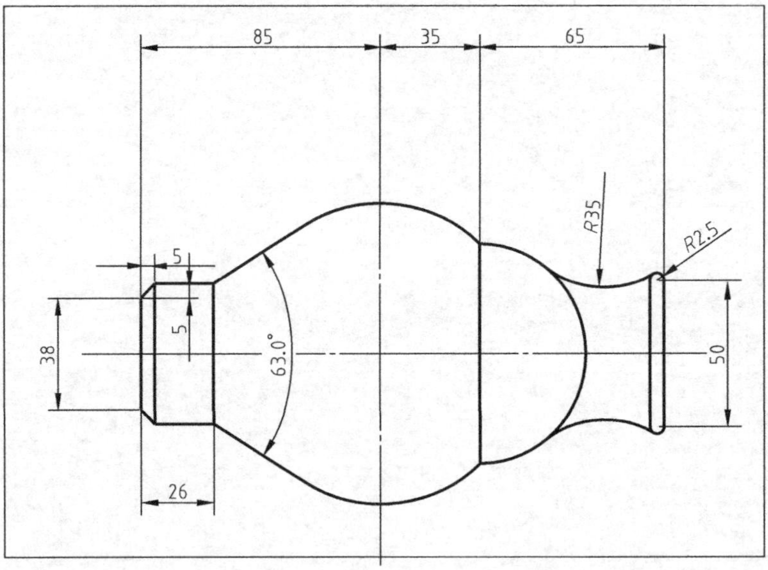

图 15-1

15.3 操作提示

① 先用“直线”工具绘制一条水平辅助线，然后在任意位置画一条长 19 的竖直的线段。在该线段右边距 5 的位置，画出长度为 24、宽为 13 的矩形，用直线工具连接线段与矩形的端点（如图中水平线上半部分）；利用“镜像”工具，以水平辅助线为对称线，作镜像，见图 15-2。

② 选择“直线工具”，在长度为 38 的直线的右边距 85 处，画出竖直的辅助线（见图 15-3）；再在该辅助线右边距 100 处，绘制出长为 50、宽为 5 的矩形；取长度为 5 的直线的中点为圆心分别绘制两个直径为 5 的小圆。再用“修剪”工具修剪掉多余的线（见图 15-3）。

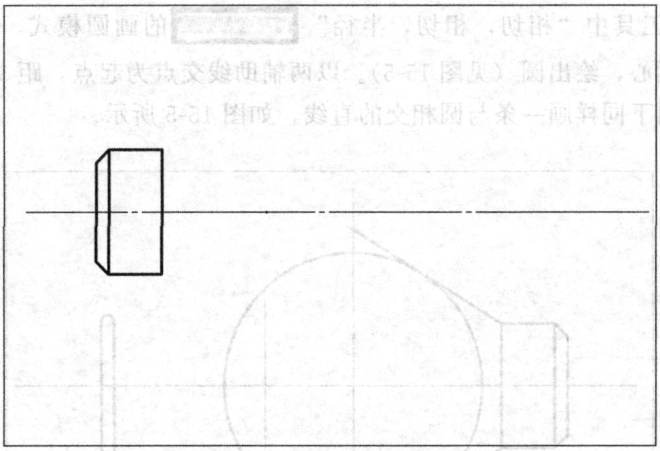

图 15-2

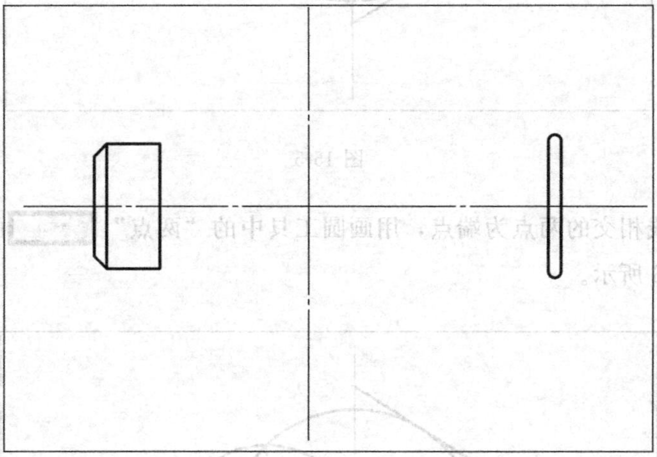

图 15-3

③ 利用直线工具，以矩形右上方端点为直线起点，在命令栏中依次输入“@”→“70”→“<31.5”→“回车”，便可作出长度为 70、角度为 31.5°的线段。然后利用“镜像”工具，以水平辅助线为对称轴，作镜像，结果如图 15-4 所示。

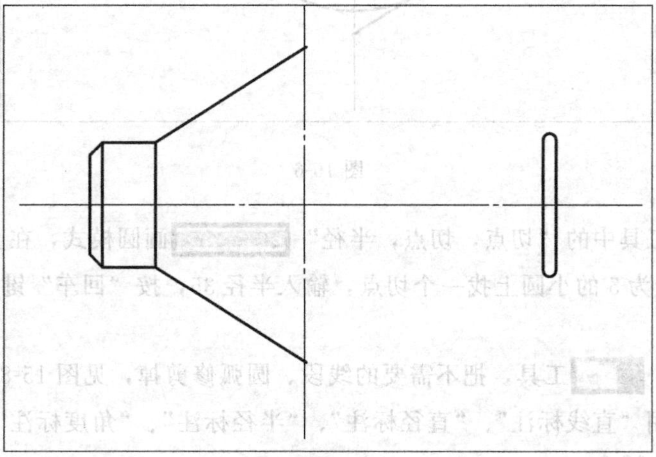

图 15-4

④ 利用画圆工具中“相切，相切，半径”的画圆模式，以两直线为切点，两辅助线交点为圆心，绘出圆（见图 15-5）。以两辅助线交点为起点，距 35 处画一条向上与圆相交的直线，向下同样画一条与圆相交的直线，如图 15-5 所示。

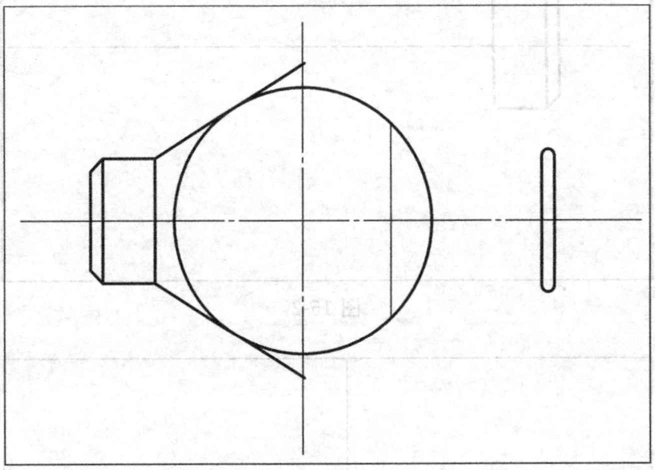

图 15-5

⑤ 以圆与直线相交的两点为端点，用画圆工具中的“两点”画圆模式，画出第二个圆，如图 15-6 所示。

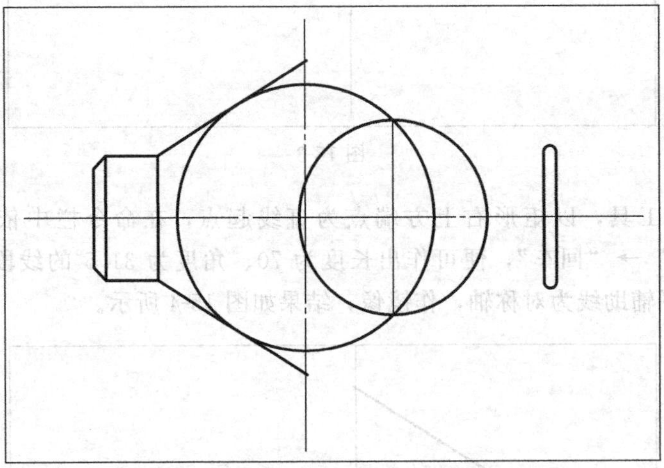

图 15-6

⑥ 选择画圆工具中的“切点，切点，半径”画圆模式，在上一步画出的圆上找一个切点，直径为 5 的小圆上找一个切点，输入半径 35，按“回车”键分别画出如图15-7所示两个圆。

⑦ 用“修剪”工具，把不需要的线段、圆弧修剪掉，见图 15-8。

⑧ 最后分别用“直线标注”、“直径标注”、“半径标注”、“角度标注”等标注工具对图形进行标注，见图 15-9。

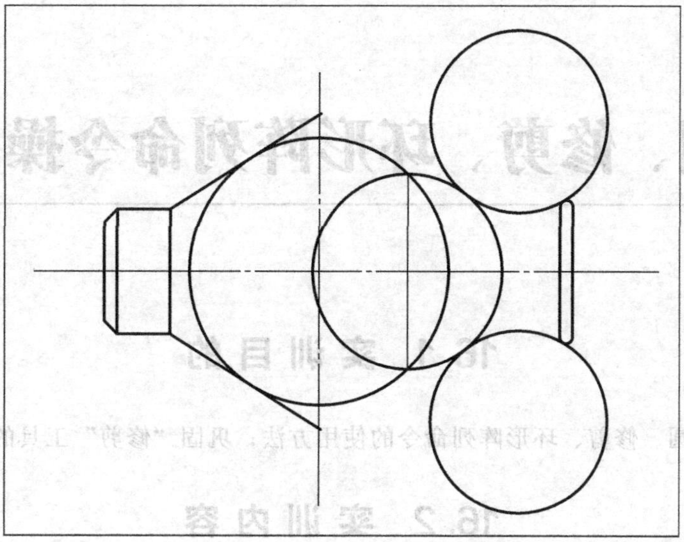

图 15-7

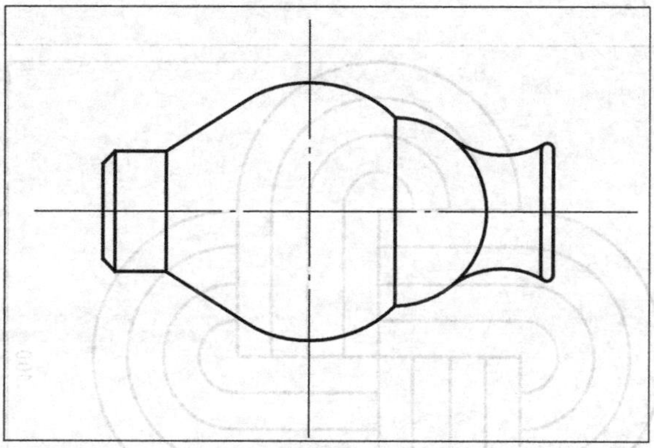

图 15-8

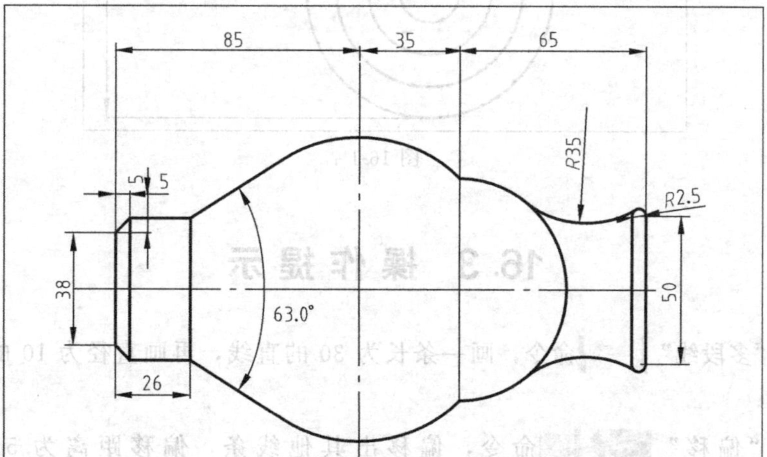

图 15-9

16 圆、修剪、环形阵列命令操作练习

16.1 实训目的

熟悉和掌握圆、修剪、环形阵列命令的使用方法；巩固“修剪”工具的操作方法。

16.2 实训内容

实训内容见图 16-1。

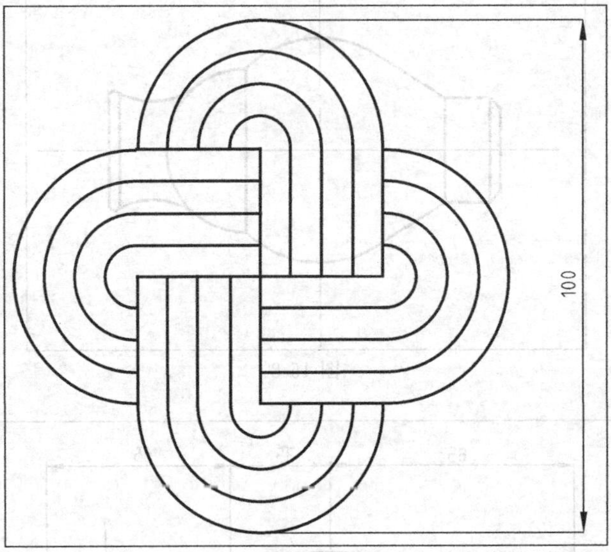

图 16-1

16.3 操作提示

① 使用“多段线”命令，画一条长为 30 的直线，再画直径为 10 的圆弧（如图 16-2 所示）。

② 使用“偏移”命令，偏移出其他线条，偏移距离为 5（如图 16-3 所示）。

③ 使用“环形阵列”命令，阵列出图形，并添加尺寸标注（如图 16-4、图 16-5 所示）。

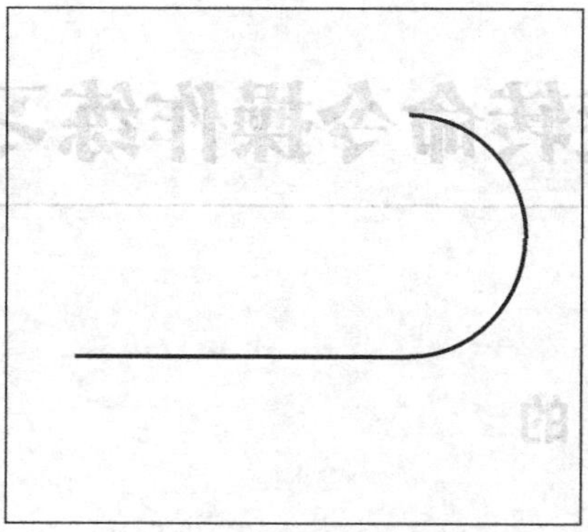

图 16-2

图 16-3

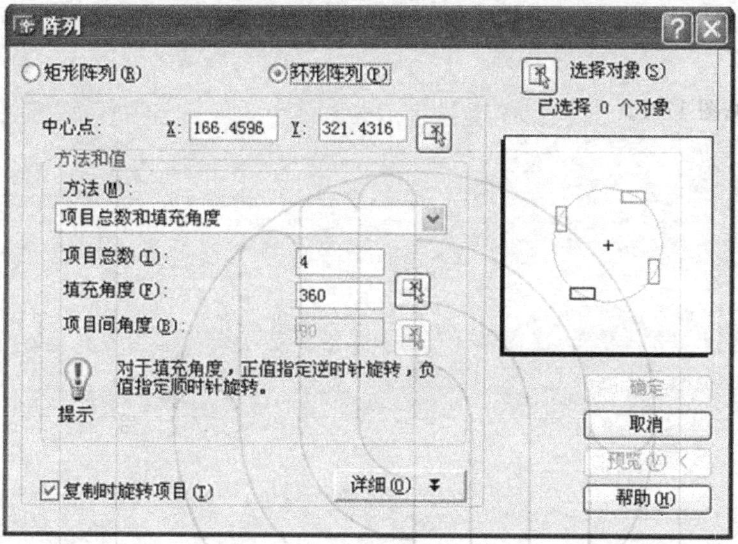

图 16-4

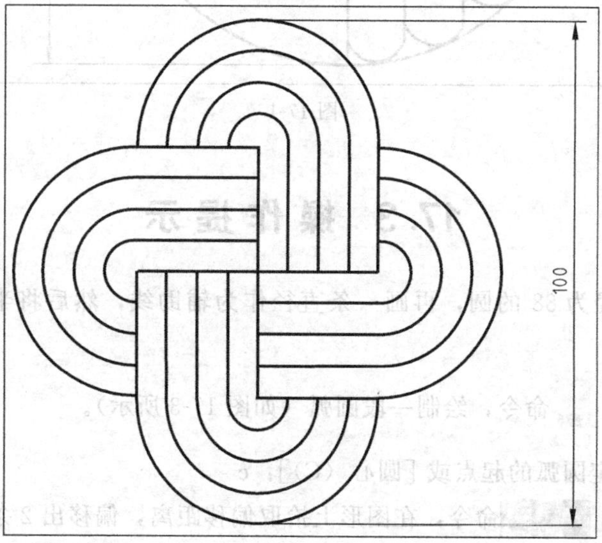

图 16-5

17 圆、同心圆、复制旋转命令操作练习

17.1 实训目的

熟悉和掌握圆、同心圆、复制旋转命令的使用方法。

17.2 实训内容

实训内容见图 17-1。

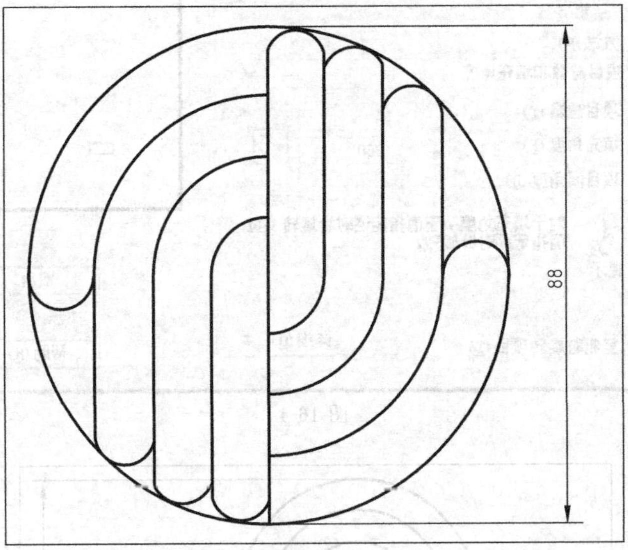

图 17-1

17.3 操作提示

① 先画一个直径为 88 的圆，再画一条直径作为辅助线，然后将半径长度分成 4 等分（如图 17-2 所示）。

② 选择“圆弧” 

命令，绘制一段圆弧（如图 17-3 所示）。

命令：_arc 指定圆弧的起点或［圆心（C）］：c

③ 使用“偏移”  命令，在图形上拾取偏移距离，偏移出 2 条圆弧（如图 17-4 所示），然后绘制直线（如图 17-4 所示）。

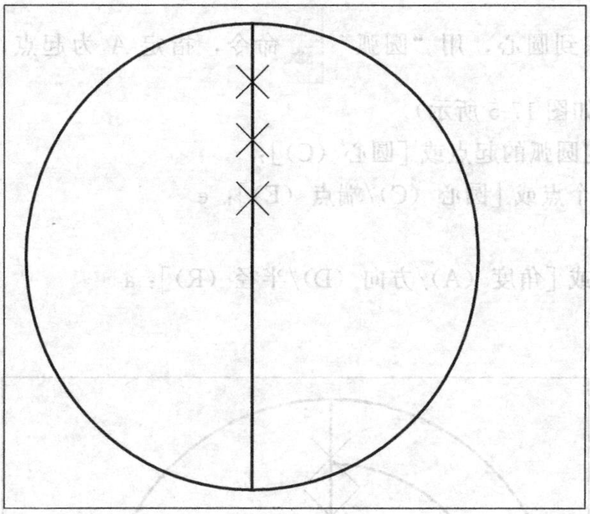

图 17-2

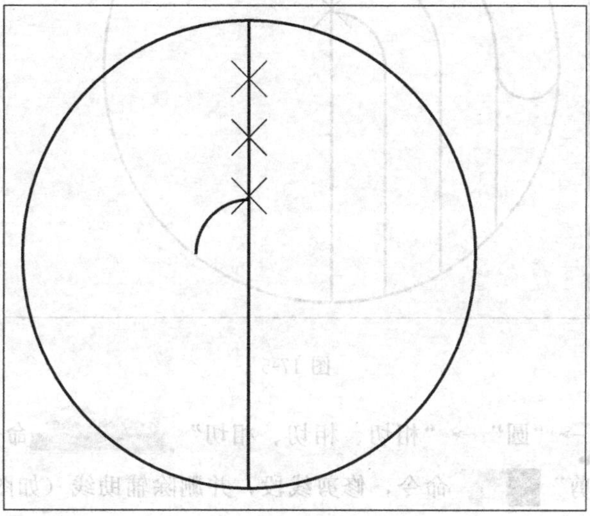

图 17-3

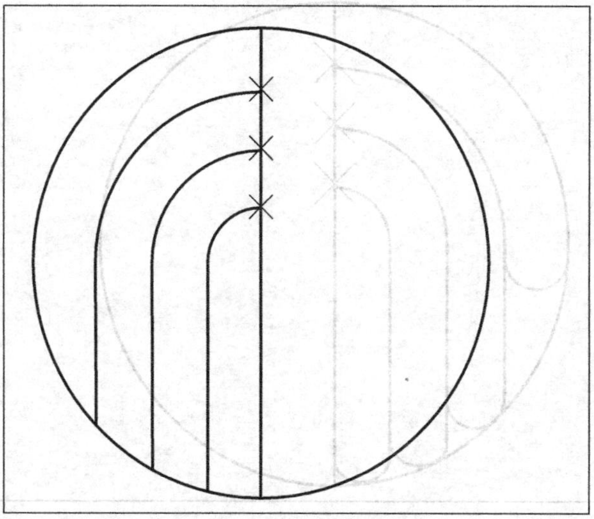

图 17-4

④ 使用对象追踪到圆心，用“圆弧”命令，指定 A 为起点，B 为端点，角度为 180°，画这段圆弧（如图 17-5 所示）。

命令：_ arc 指定圆弧的起点或［圆心（C)]：

指定圆弧的第二个点或［圆心（C)/端点（E)]：e

指定圆弧的端点：

指定圆弧的圆心或［角度（A)/方向（D)/半径（R)]：a

指定包含角：180

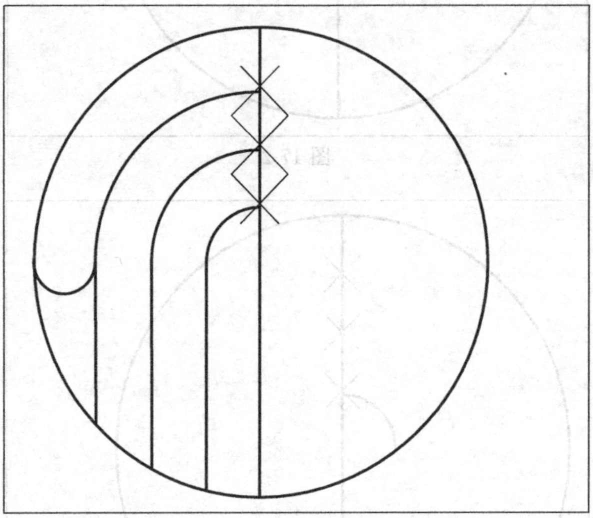

图 17-5

⑤ 使用“绘图”→“圆”→“相切、相切、相切”命令，捕捉 3 个切点绘制圆。然后使用“修剪”命令，修剪线段，并删除辅助线（如图 17-6 所示）。

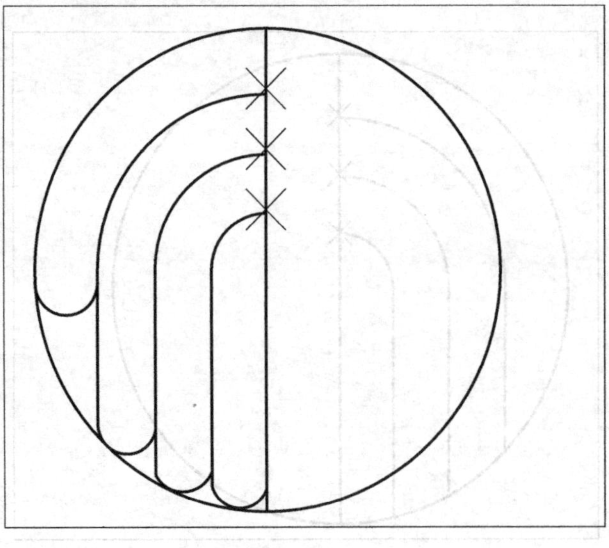

图 17-6

⑥ 使用“复制旋转”命令，捕捉圆心为复制旋转基点，按“回车”键 2 次，进行复制旋转，选择角度为 180°（如图 17-7 所示）。

＊＊ 旋转 ＊＊

指定旋转角度或［基点（B)/复制（C)/放弃（U)/参照（R)/退出（X)］：c

＊＊ 旋转（多重）＊＊

指定旋转角度或［基点（B)/复制（C)/放弃（U)/参照（R)/退出（X)］：180

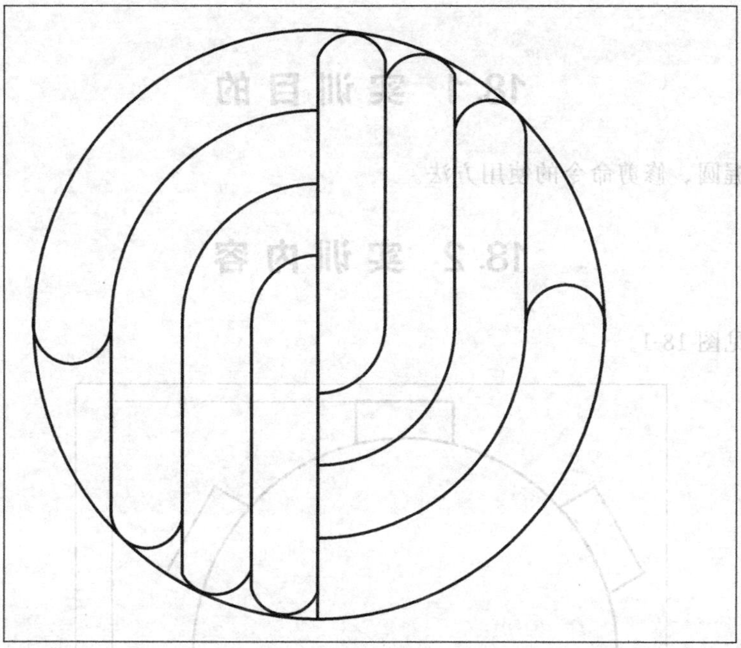

图 17-7

⑦ 添加尺寸标注，完成绘制（如图 17-8 所示）。

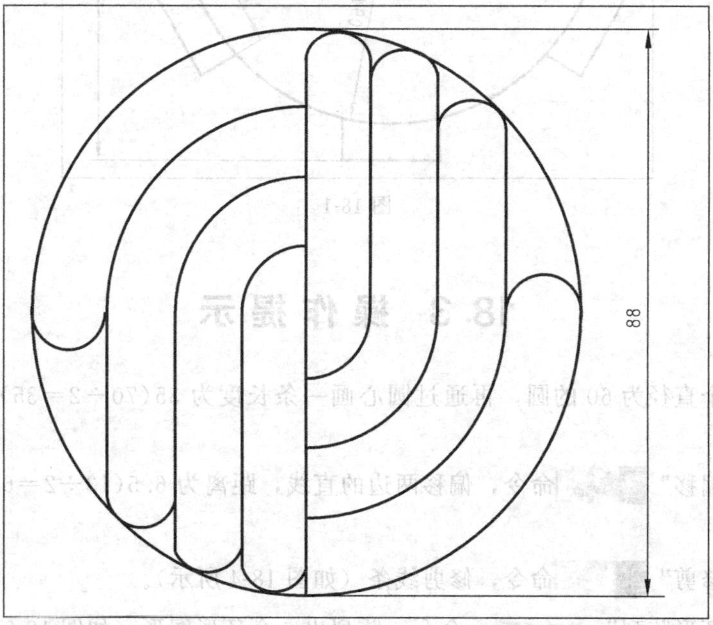

图 17-8

18 圆、修剪命令操作练习

18.1 实训目的

熟悉和掌握圆、修剪命令的使用方法。

18.2 实训内容

实训内容见图 18-1。

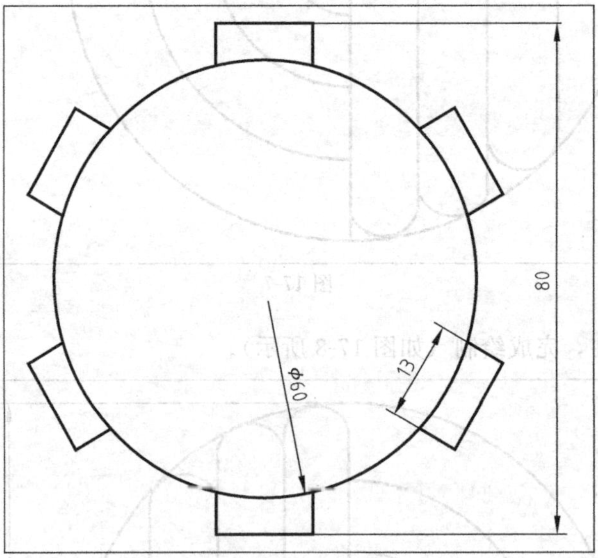

图 18-1

18.3 操作提示

① 先画一个直径为 60 的圆，再通过圆心画一条长度为 35(70÷2＝35) 的直线（如图 18-2 所示）。

② 使用“偏移”命令，偏移两边的直线，距离为 6.5(13÷2＝6.5)（如图 18-3 所示）。

③ 使用“修剪”命令，修剪线条（如图 18-4 所示）。

④ 使用“环形阵列”命令，阵列出 6 个环形图形（如图 18-5 所示）。

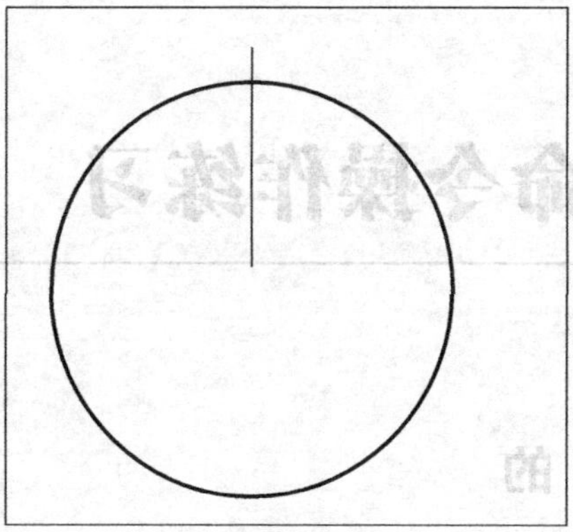

图 18-2

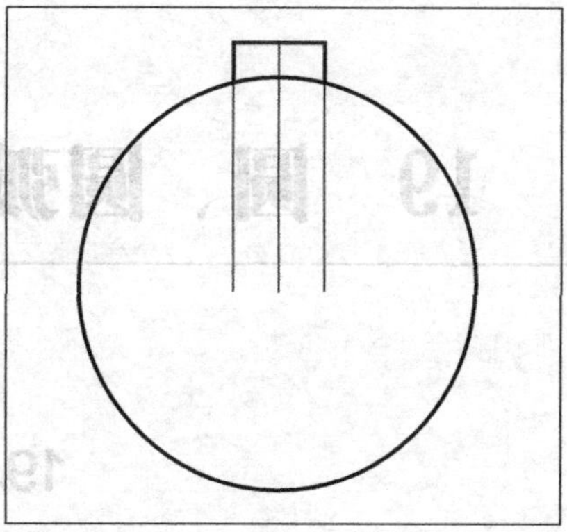

图 18-3

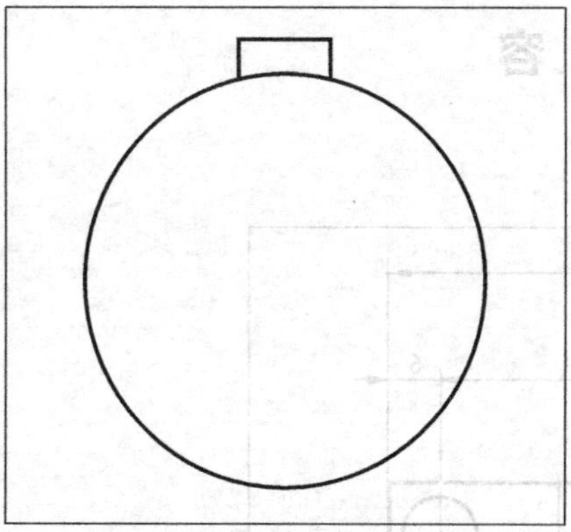

图 18-4

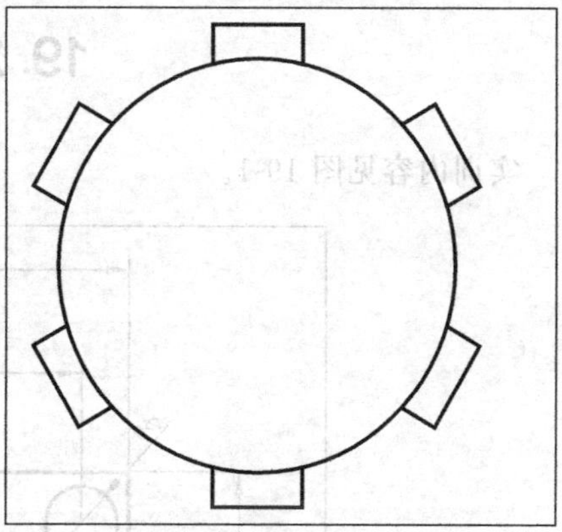

图 18-5

⑤ 使用“修剪”命令，修剪多余线段，并添加尺寸标注（如图 18-6 所示）。

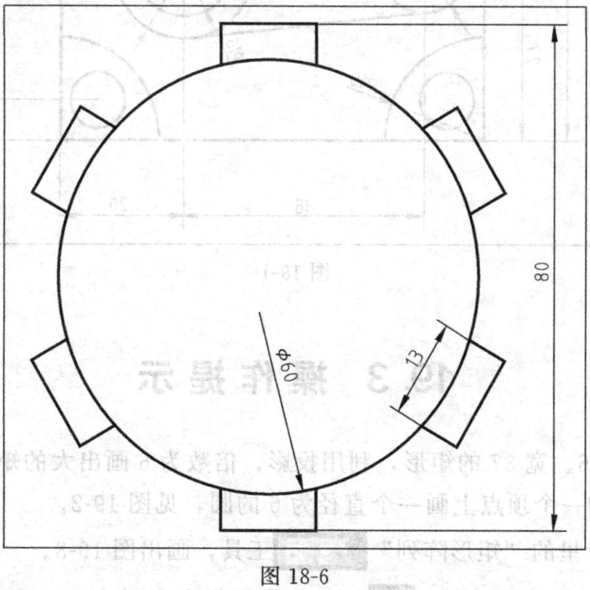

图 18-6

19 圆、圆弧、镜像命令操作练习

19.1 实训目的

熟悉和掌握圆、圆弧、镜像命令的使用方法，巩固镜像命令的操作练习。

19.2 实训内容

实训内容见图 19-1。

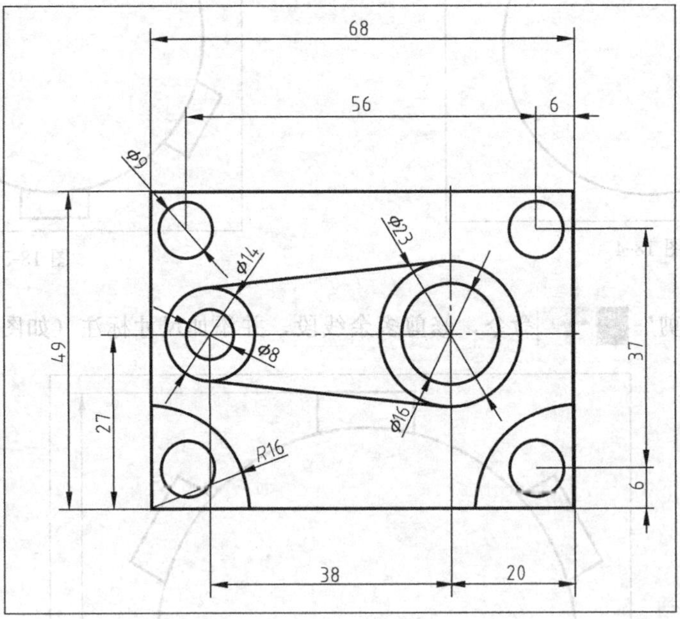

图 19-1

19.3 操作提示

① 先画一个长 56、宽 37 的矩形，利用投影，倍数为 6 画出大的矩形，此矩形长为 68、宽为 49。在小矩形的一个顶点上画一个直径为 6 的圆，见图 19-2。

② 利用“修改”里的“矩形阵列”工具，画出图 19-3。

③ 利用“修改”里的“分解”工具，使得每个小圆成为独立的个体，删掉中心多余的圆以及小的矩形，只留下四个角落的圆，如图 19-4 所示。

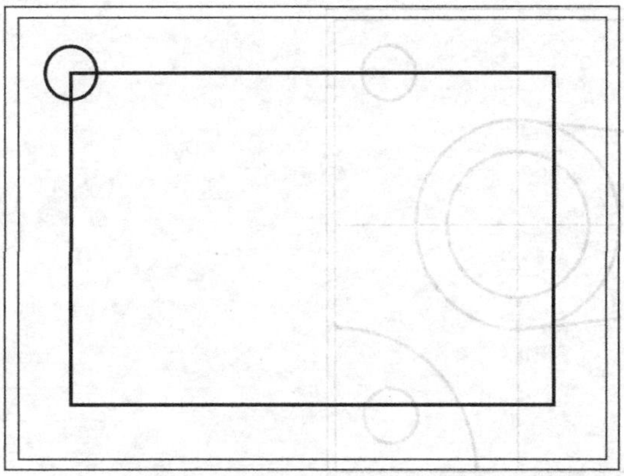

图 19-2

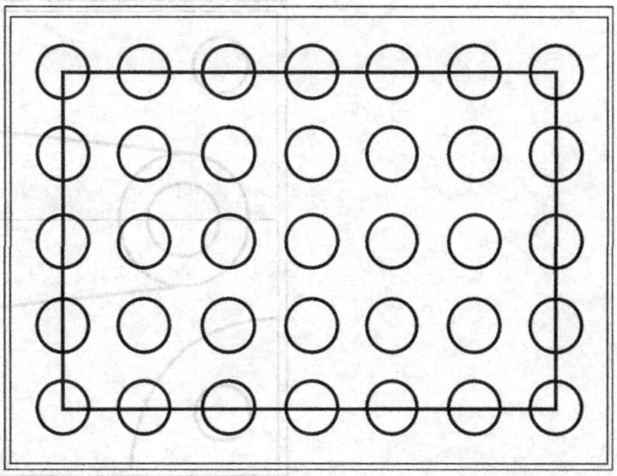

图 19-3

④ 分别以矩形左下角和右下角两点为圆心，画出两个半径为 16 的圆。利用“修改”里的“修剪”功能，分别选中矩形和圆→按回车键→选中圆不需要的部分→按回车键。以矩形右下角为端点，用绘图工具“直线”功能画一条向左偏移的 20 的直线，继续向上画与矩形上方直线相交，按回车键。以同样的方法画出横着的线。再删掉矩形上多余的直线，见图 19-5。

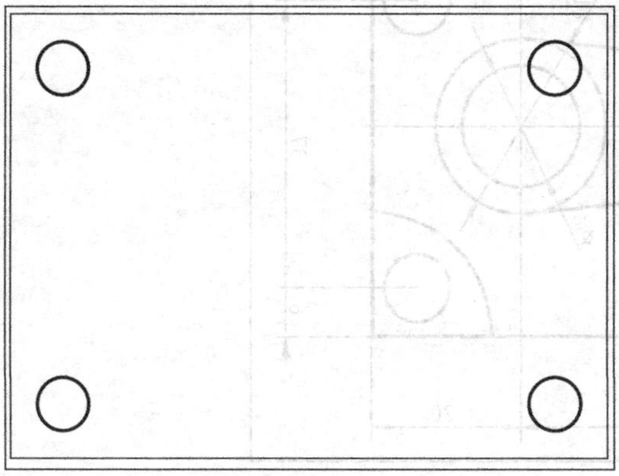

图 19-4

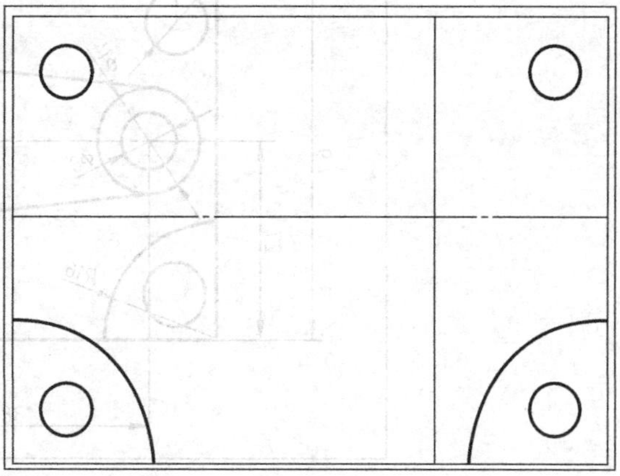

图 19-5

⑤ 以两直线的交点为圆心，用绘图工具“圆”绘制直径分别为 16 和 23 的两个同心圆。以该圆心为端点向左画一条长 38 的直线，以直线的左端点为圆心画直径分别为 8 和 14 的两个同心圆，见图 19-6。

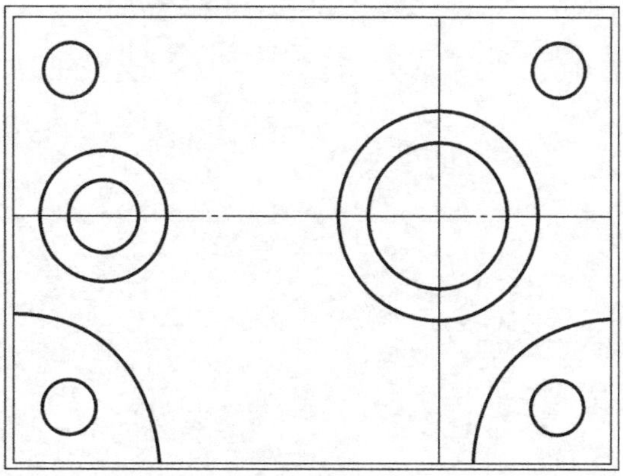

图 19-6

⑥ 用鼠标右键打开“草图设置”对话框，选择“对象捕捉”选项卡，只选中“捕捉切点”这一栏，再用直线工具，在圆上找到切点把两条切线画出来，见图 19-7。

⑦ 最后进行注释，见图 19-8。

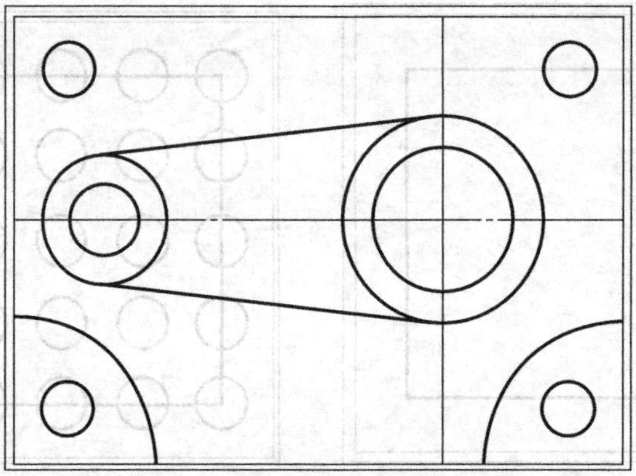

图 19-7

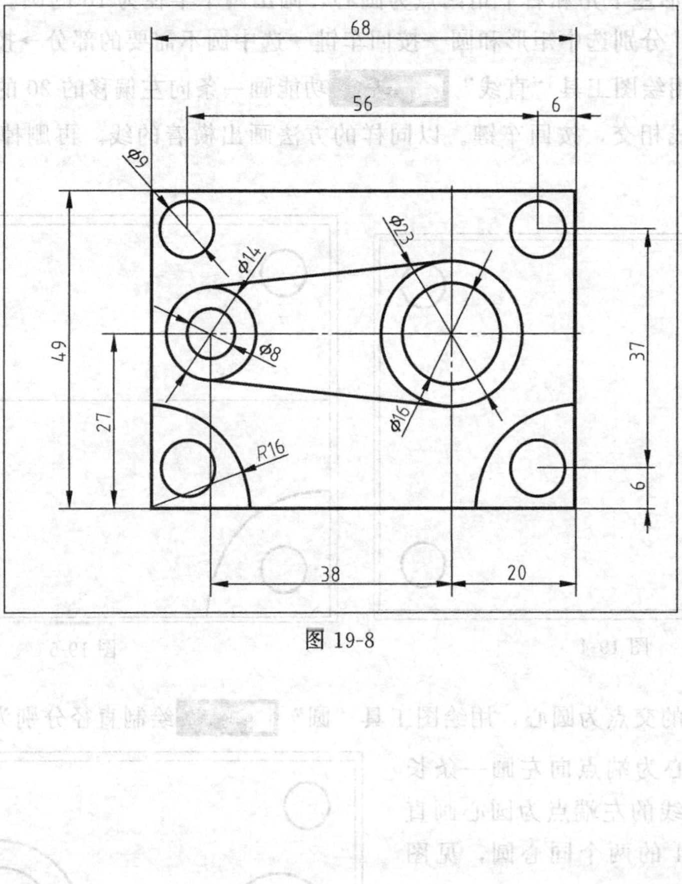

图 19-8

20 内接圆、圆弧命令操作练习

20.1 实训目的

熟悉和掌握内接圆、圆弧命令的使用方法。

20.2 实训内容

实训内容见图 20-1。

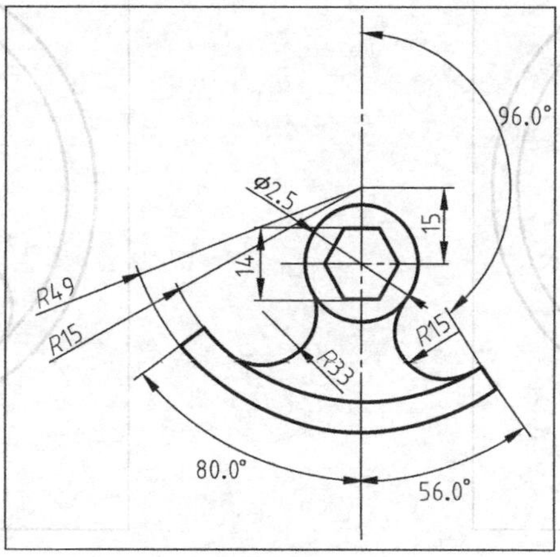

图 20-1

20.3 操作提示

① 在绘图窗口中，找任意一点作为圆心，利用“画图”工具，画一个直径为 23 的圆。用“多边形”绘图工具在命令栏中依次输入“6”→“外切与圆”→半径“7”，完成如图 20-2 所示图形。

② 过该圆圆心，用“直线”工具分别画两条正交的辅助线，见图 20-3。

③ 以圆心为端点，画一条向上的直线，长度为 15。以该直线终点为圆心，画两个半径分别为 43 和 49 的同心圆。删掉 15 的直线，见图 20-4。

④ 用绘图工具圆“切点，切点，半径”选择切点和输入半径分别为 11 和 10 的两个与大圆内切小圆外切的圆，如图 20-5 所示。

⑤ 以大圆为端点，用绘图工具“直线”在左边画一条与辅助线夹角为 50 度的直线，右边画一条与辅助线夹角为 35 度的直线，如图 20-6 所示。

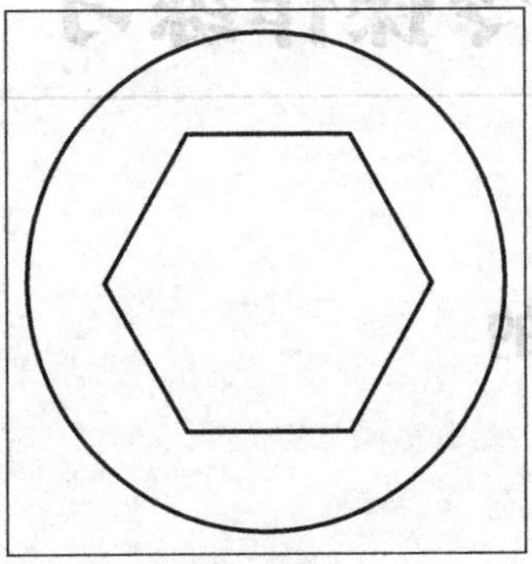

图 20-2

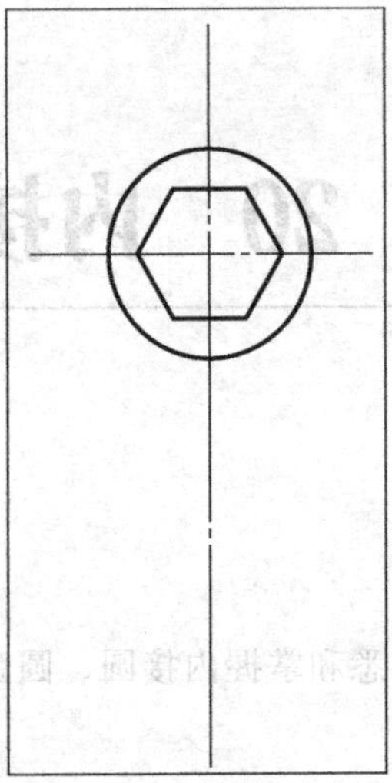

图 20-3

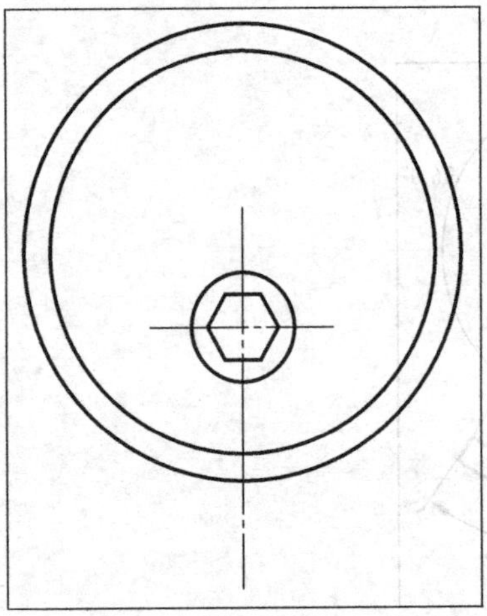

图 20-4

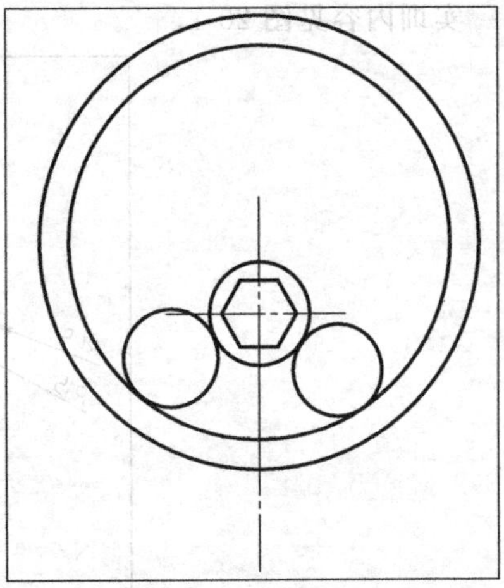

图 20-5

⑥ 利用修改里的“修剪” 将不需要用的直线或曲线部分修剪掉，最后如图 20-7 所示。

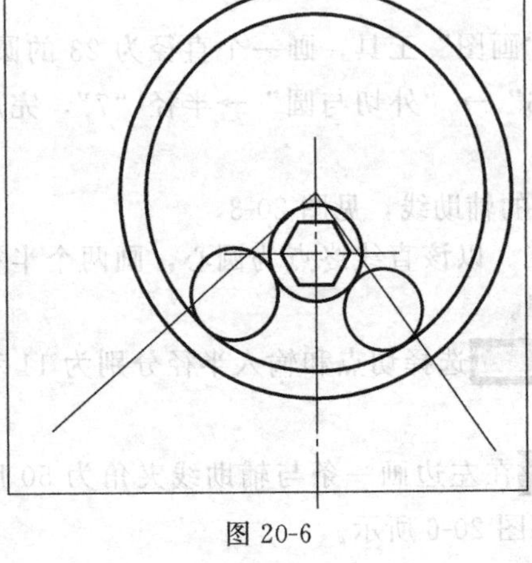

图 20-6

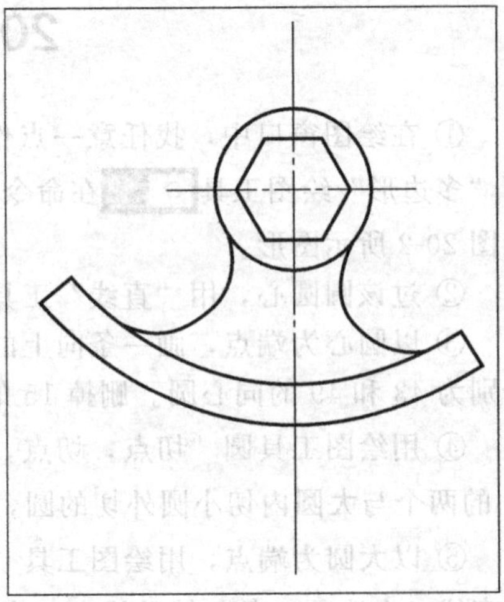

图 20-7

⑦ 最后进行标注 [标注(N)]，见图 20-8。

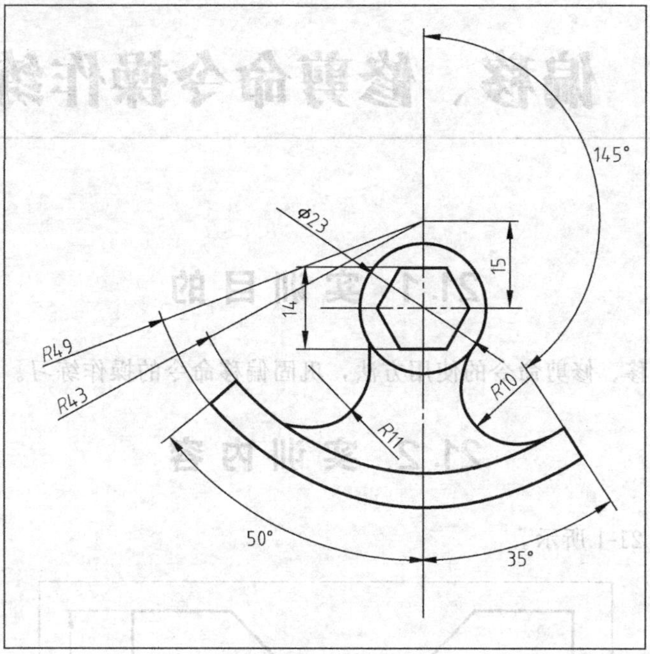

图 20-8

21 偏移、修剪命令操作练习

21.1 实训目的

熟悉和掌握偏移、修剪命令的使用方法，巩固偏移命令的操作练习。

21.2 实训内容

实训内容如图 21-1 所示。

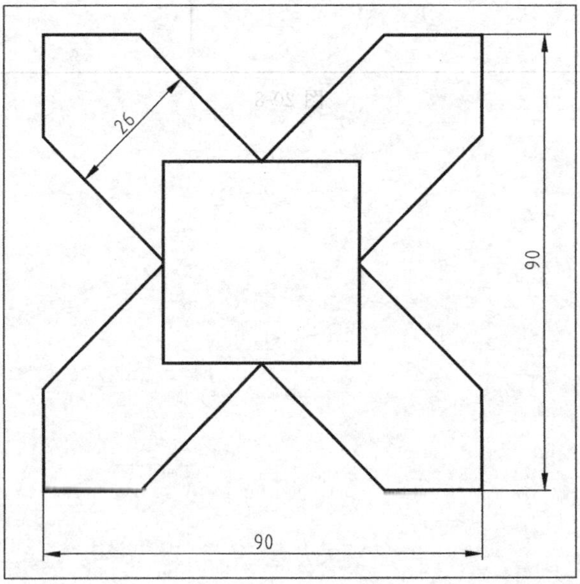

图 21-1

21.3 操作提示

① 先画一个 90 × 90 的矩形（@90，90），然后画一条对角线，再使用“偏移”命令偏移对角线，偏移距离为 10（如图 21-2 所示）。

② 使用“修剪”命令修剪线段，然后再使用“镜像”命令镜像出另一半（如图 21-3 所示）。

③ 使用“矩形”命令，启用“极轴追踪”（F10），捕捉交点，用极

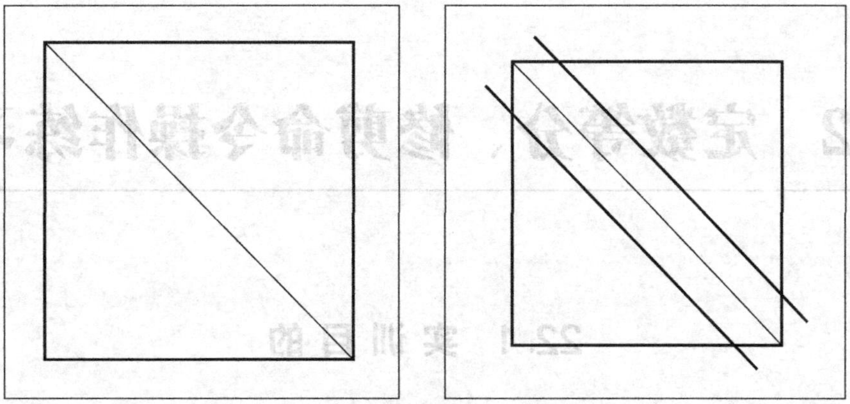

图 21-2

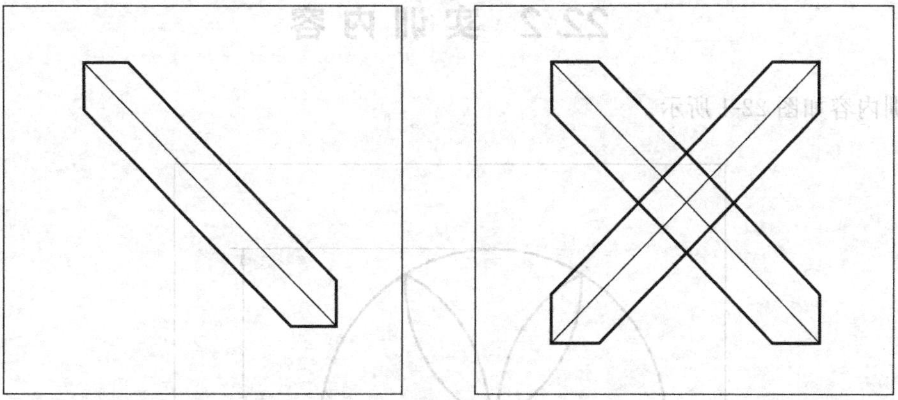

图 21-3

轴追踪矩形的角点（如图 21-4 所示）。

④ 删除辅助线，添加尺寸标注，完成绘制（如图 21-5 所示）。

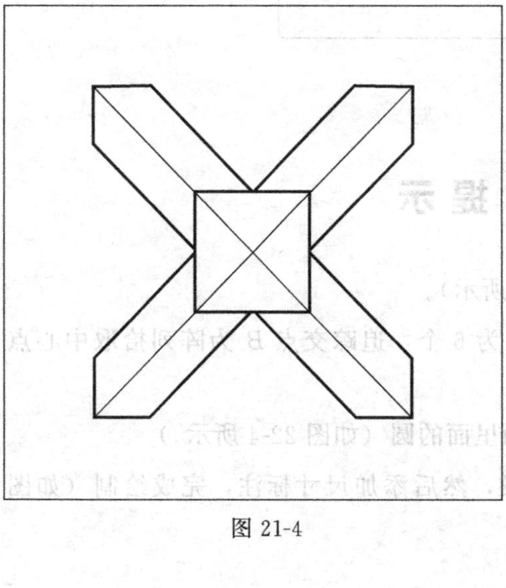

图 21-4

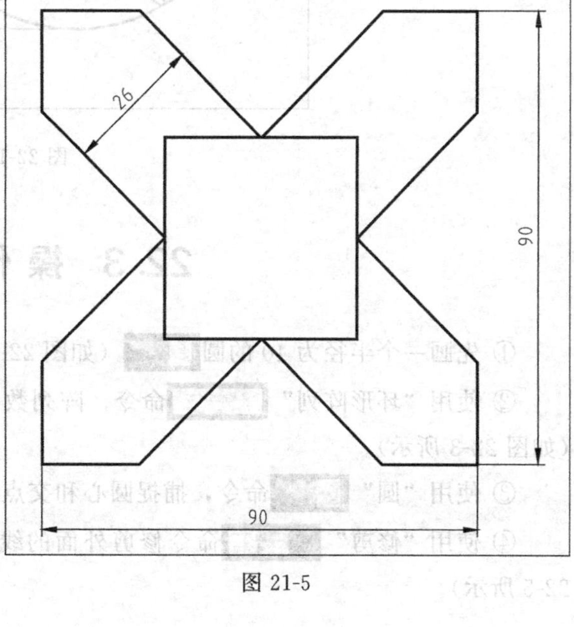

图 21-5

22 定数等分、修剪命令操作练习

22.1 实训目的

熟悉和掌握定数等分、修剪命令，巩固定数等分命令的操作练习。

22.2 实训内容

实训内容如图 22-1 所示。

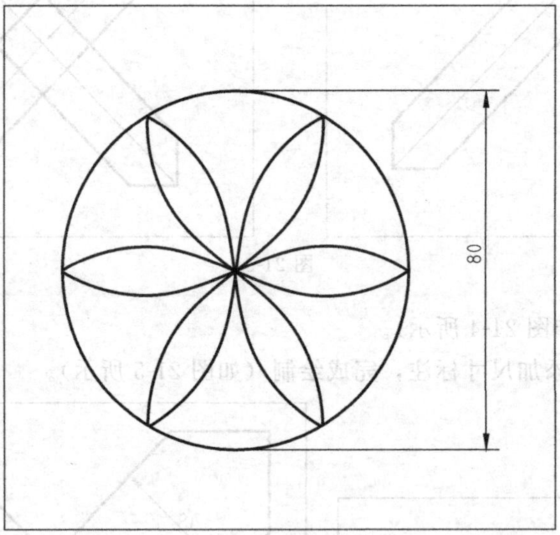

图 22-1

22.3 操作提示

① 先画一个半径为 40 的圆（如图 22-2 所示）。

② 使用“环形阵列”命令，阵列数目为 6 个，追踪交点 B 为阵列拾取中心点（如图 22-3 所示）。

③ 使用“圆”命令，捕捉圆心和交点画里面的圆（如图 22-4 所示。）

④ 使用“修剪”命令修剪外面的线段，然后添加尺寸标注，完成绘制（如图 22-5 所示）。

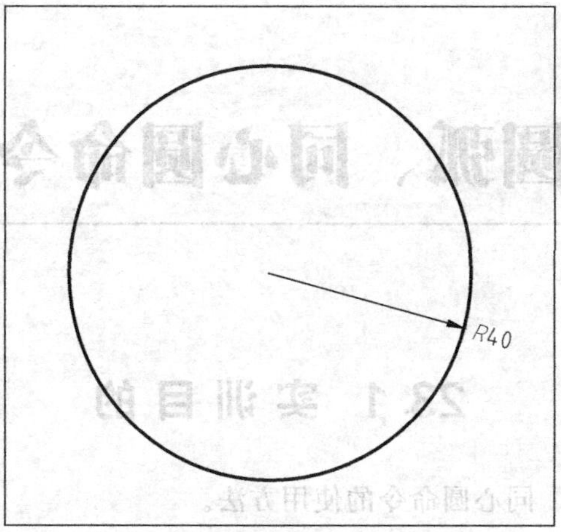

图 22-2

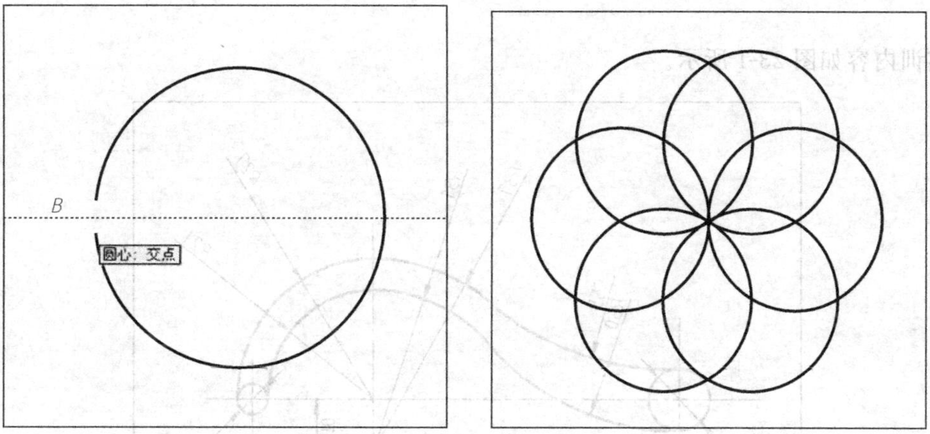

图 22-3

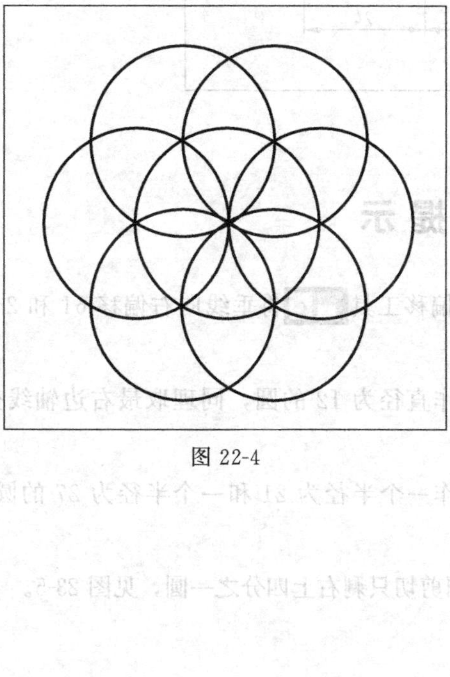

图 22-4

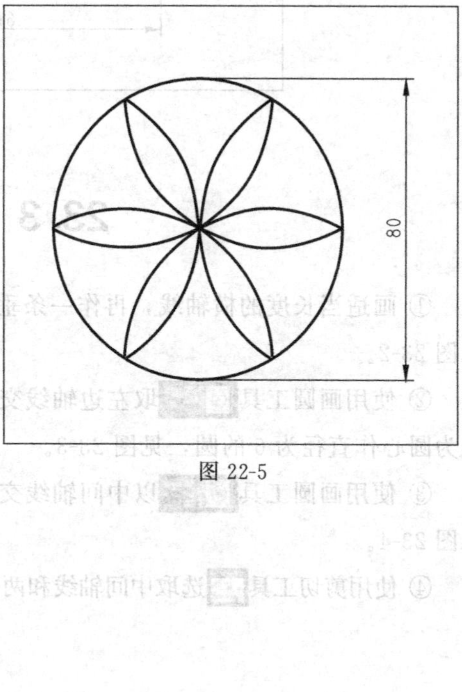

图 22-5

23 圆、圆弧、同心圆命令操作练习

23.1 实训目的

熟悉和掌握圆、圆弧、同心圆命令的使用方法。

23.2 实训内容

实训内容如图 23-1 所示。

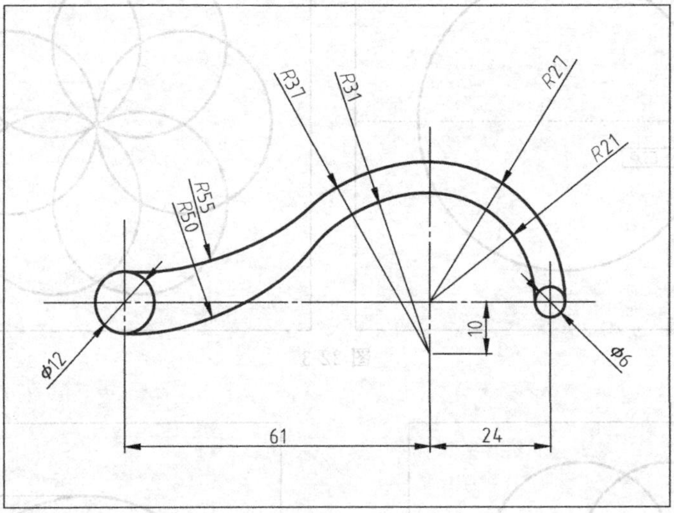

图 23-1

23.3 操作提示

① 画适当长度的横轴线，再作一条垂线，使用偏移工具将垂线向右偏移 61 和 24，见图 23-2。

② 使用画圆工具取左边轴线交点为圆心作直径为 12 的圆，同理取最右边轴线交点为圆心作直径为 6 的圆，见图 23-3。

③ 使用画圆工具以中间轴线交点为圆心作一个半径为 21 和一个半径为 27 的圆，见图 23-4。

④ 使用剪切工具选取中间轴线和两个圆，将圆剪切只剩右上四分之一圆，见图 23-5。

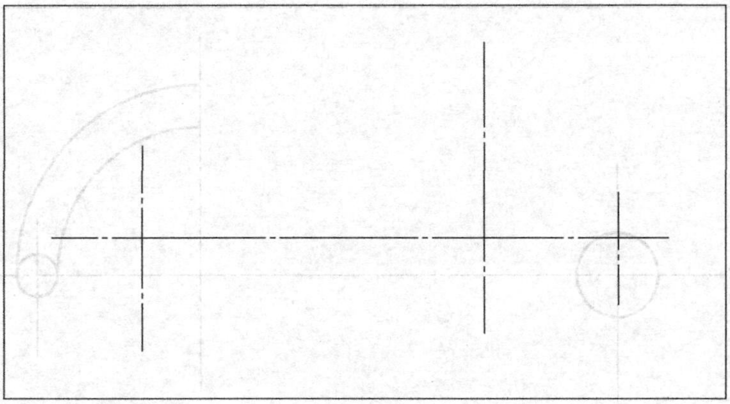

图 23-2

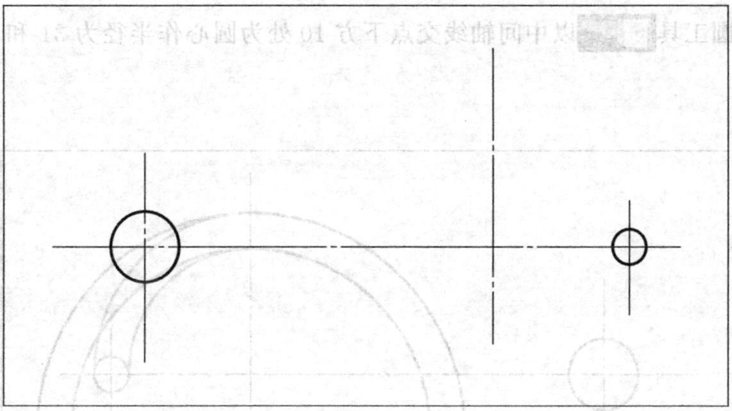

图 23-3

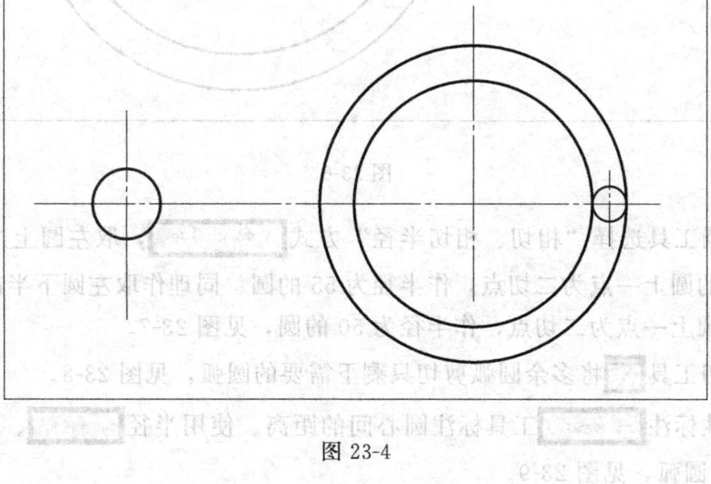

图 23-4

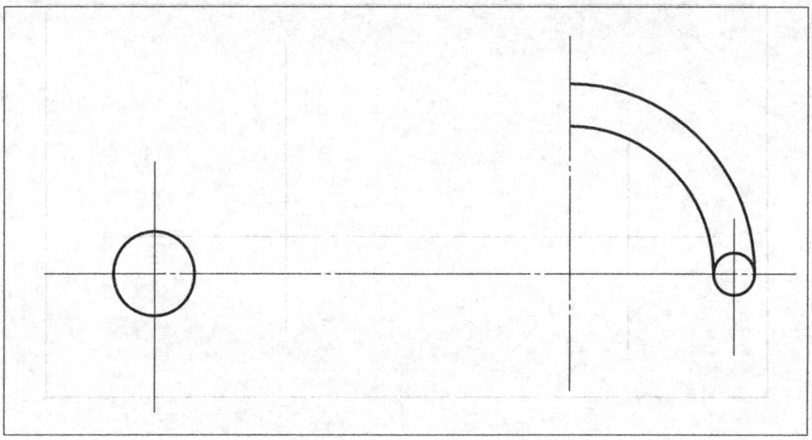

图 23-5

⑤ 使用画圆工具以中间轴线交点下方 10 处为圆心作半径为 31 和 37 的圆，见图 23-6。

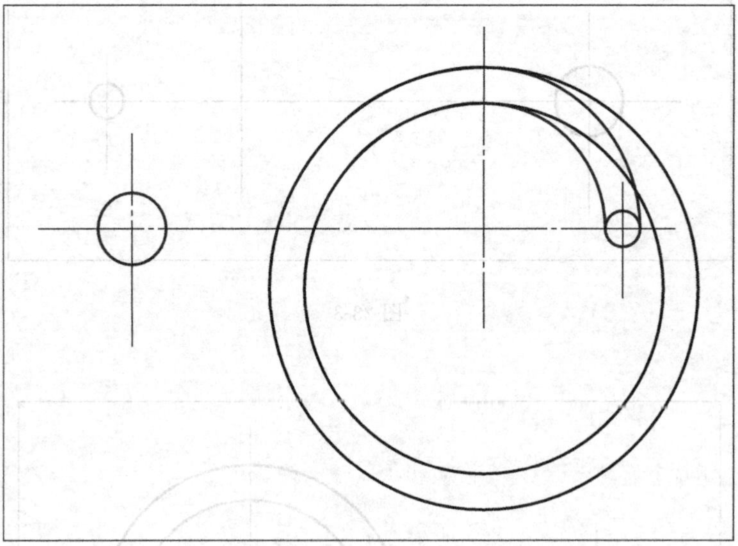

图 23-6

⑥ 使用画圆工具选择“相切、相切半径”方式，取左圆上半部的一点为一切点，半径 37 的圆上一点为二切点，作半径为 55 的圆；同理作取左圆下半部的一点为一切点，半径 31 的圆上一点为二切点，作半径为 50 的圆，见图 23-7。

⑦ 使用剪切工具将多余圆弧剪切只剩下需要的圆弧，见图 23-8。

⑧ 使用线性标注工具标注圆心间的距离。使用半径、直径工具标注对应圆和圆弧，见图 23-9。

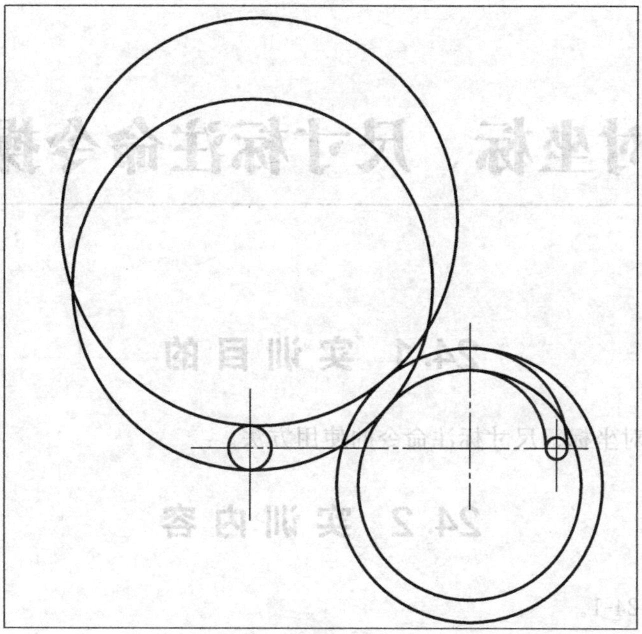

图 23-7

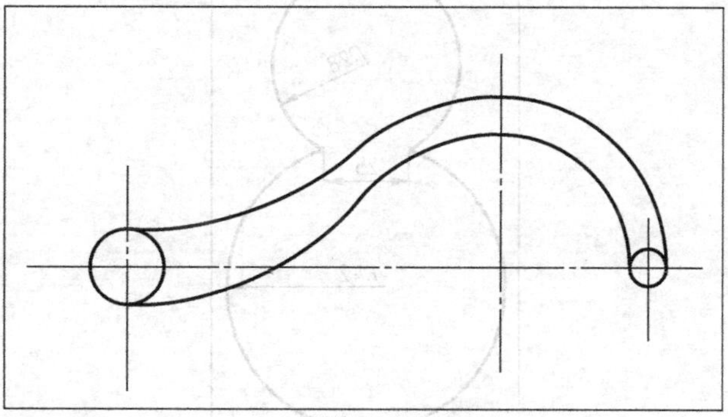

图 23-8

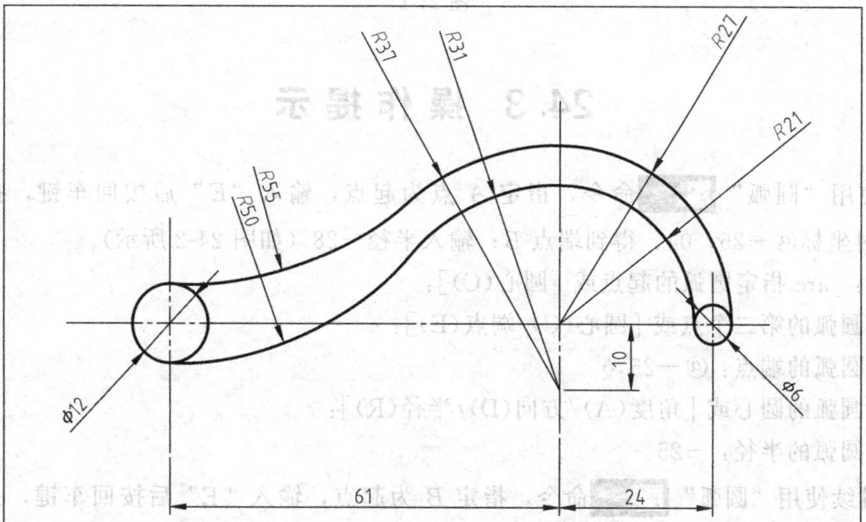

图 23-9

24 相对坐标、尺寸标注命令操作练习

24.1 实训目的

熟悉和掌握相对坐标、尺寸标注命令的使用方法。

24.2 实训内容

实训内容见图 24-1。

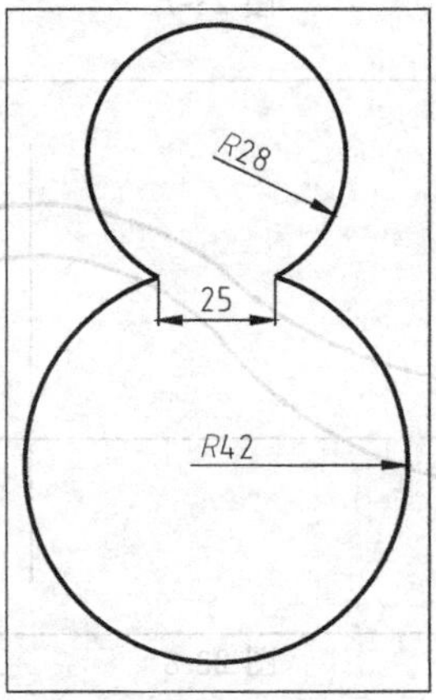

图 24-1

24.3 操作提示

① 使用“圆弧”命令，指定 A 点为起点，输入“E”后按回车键，指定端点（输入相对坐标@－25，0），得到端点 B；输入半径－28（如图 24-2 所示）。

命令：_arc 指定圆弧的起点或［圆心(C)］：

指定圆弧的第二个点或［圆心(C)/端点(E)］：e

指定圆弧的端点：@－25,0

指定圆弧的圆心或［角度(A)/方向(D)/半径(R)］：r

指定圆弧的半径：－25

② 继续使用“圆弧”命令，指定 B 为起点，输入“E”后按回车键，指定端点 A；输入半径－42（如图 24-3 所示）。

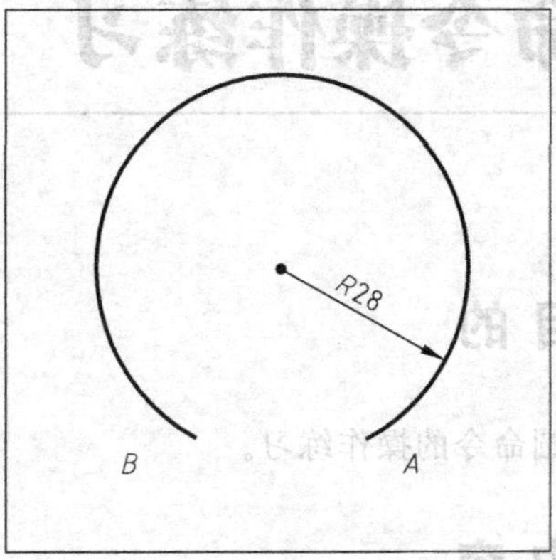

图 24-2

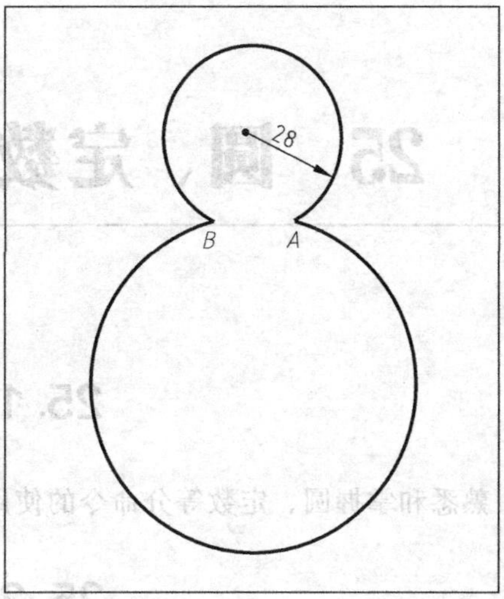

图 24-3

③ 添加尺寸标注，完成绘制（如图 24-4 所示）。

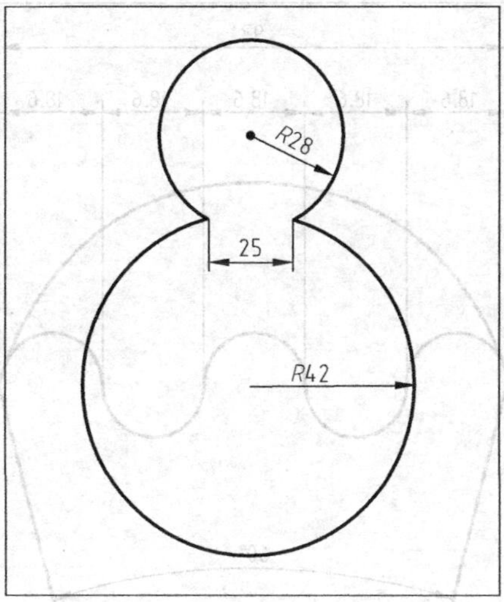

图 24-4

25 圆、定数等分命令操作练习

25.1 实训目的

熟悉和掌握圆、定数等分命令的使用方法，巩固圆命令的操作练习。

25.2 实训内容

实训内容见图 25-1。

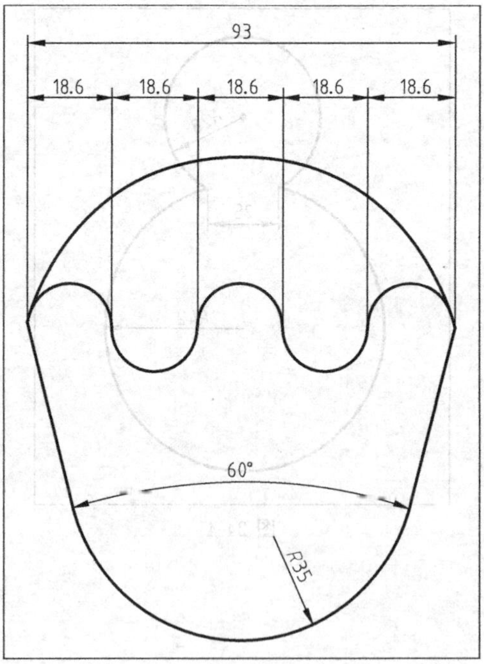

图 25-1

25.3 操作提示

① 先画一条长度为 93 的线段，然后使用“绘图”→“点”→“定数等分”命令，将线段 5 等分（如图 25-2 所示）。

② 使用“多段线”工具，参照“习题 1”的方法绘制 5 段圆弧（如图 25-3 所示）。

③ 通过左边第一个圆心，画一条辅助线，长度任意（提示：需要设置极轴追踪的角度

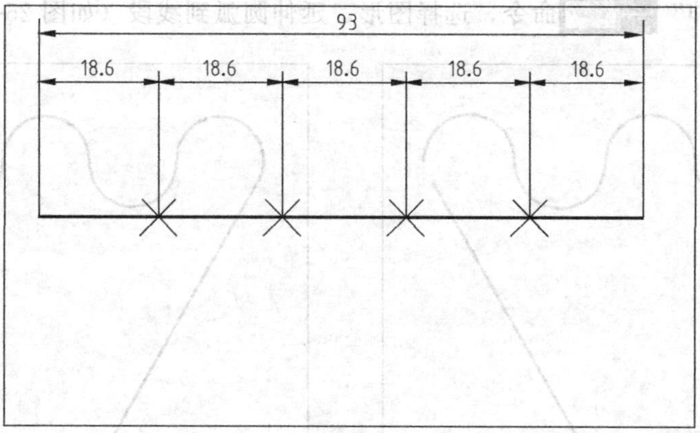

图 25-2

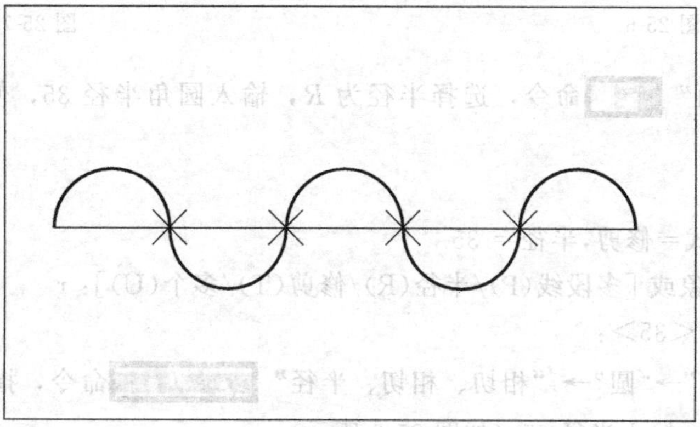

图 25-3

为 300°）（如图 25-4 所示）。

④ 使用“偏移” 命令，在图上拾取圆弧的半径为偏移距离，向左偏移出另一条线（如图 25-5 所示）。

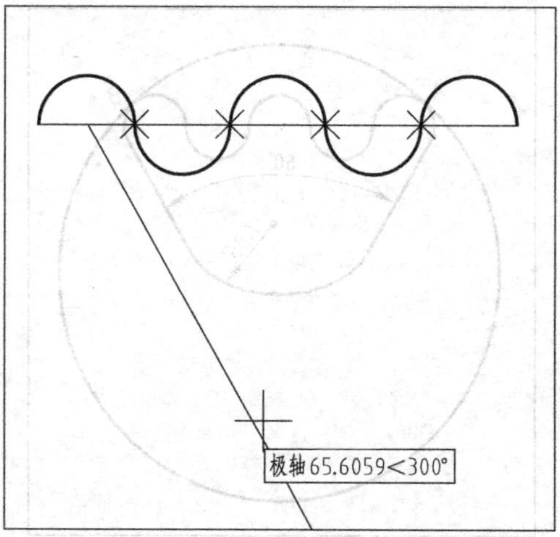

图 25-4

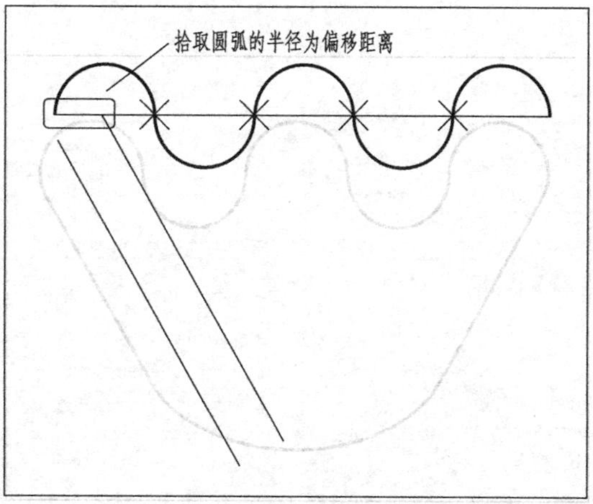

图 25-5

⑤ 删除辅助线，并使用“镜像” 命令，镜像出另一条线段（如图 25-6 所示）。

⑥ 使用“延伸” 命令，选择图形，延伸圆弧到线段（如图 25-7 所示）。

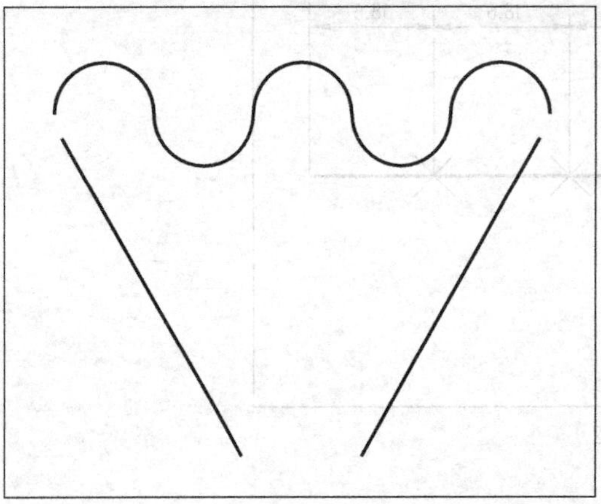

图 25-6

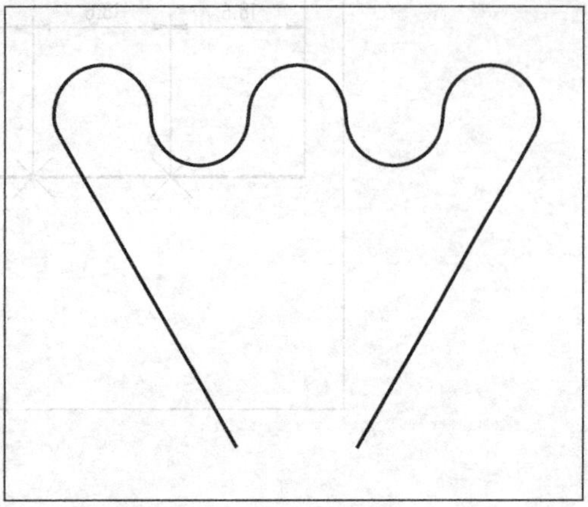

图 25-7

⑦ 使用“圆角” 命令，选择半径为 R，输入圆角半径 35，使两条线段圆角化（如图 25-8 所示）。

命令：_fillet

当前设置：模式＝修剪，半径＝ 35

选择第一个对象或［多段线(P)/半径(R)/修剪(T)/多个(U)］：r

指定圆角半径 ＜35＞：

⑧ 使用“绘图”→“圆”→“相切、相切、半径” 命令，指定第一个切点 A、指定第二个切点 B，输入半径 65（如图 25-9 所示）。

命令：_circle 指定圆的圆心或［三点(3P)/两点(2P)/相切、相切、半径(T)］：_ttr

指定对象与圆的第一个切点：

指定对象与圆的第二个切点：

指定圆的半径：65

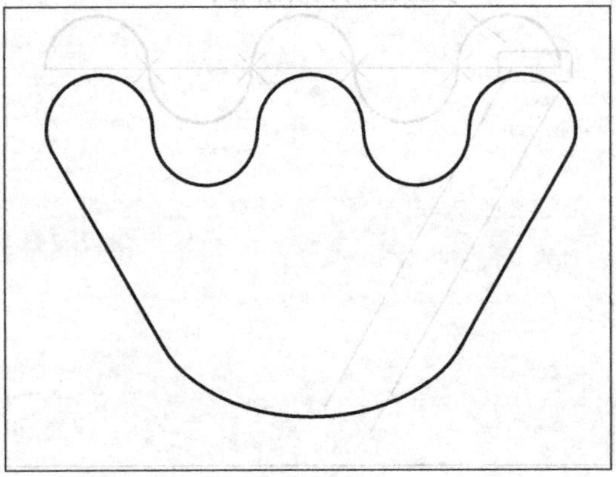

图 25-8

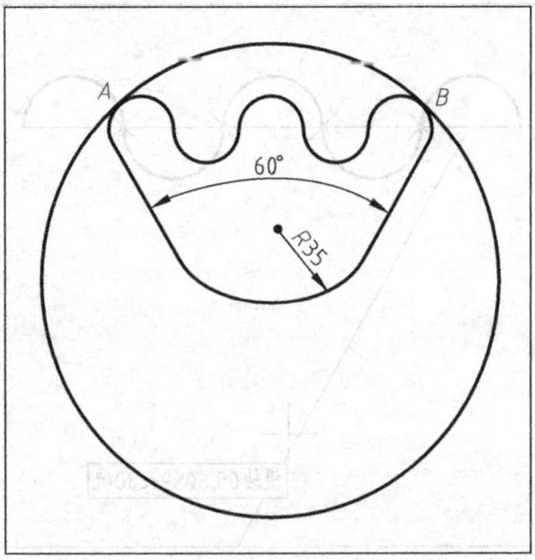

图 25-9

⑨ 使用“修剪” 命令，修剪线段，并添加尺寸标注（如图 25-10 所示）。

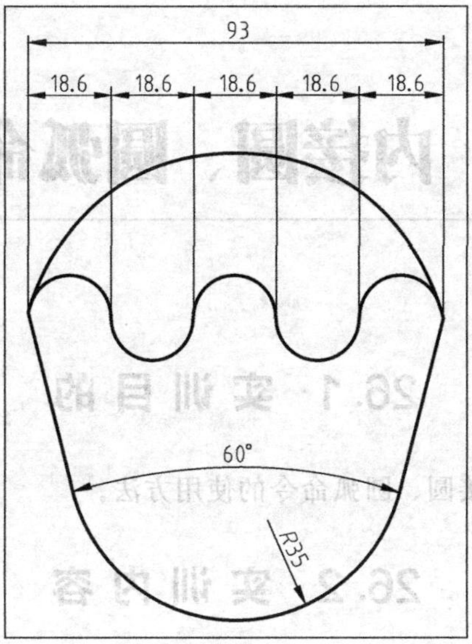

图 25-10

26 同心圆、内接圆、圆弧命令操作练习

26.1 实训目的

熟悉和掌握同心圆、内接圆、圆弧命令的使用方法。

26.2 实训内容

实训内容见图 26-1。

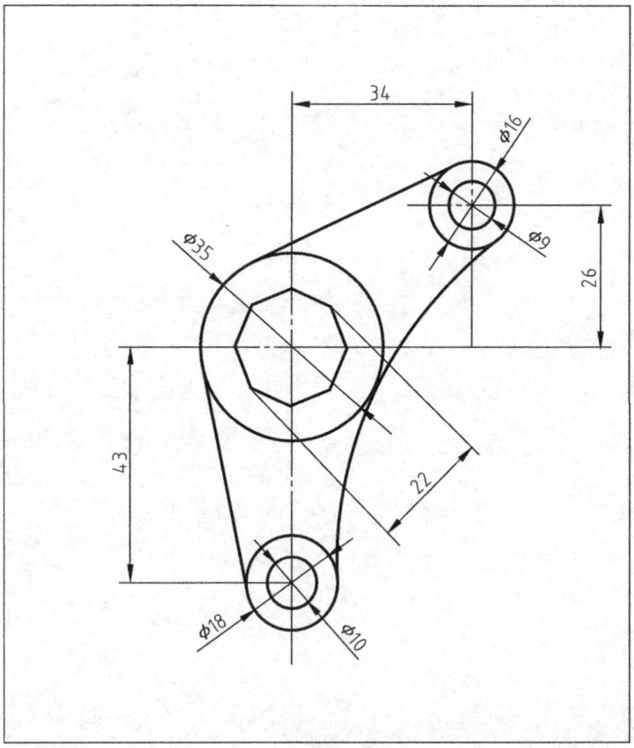

图 26-1

26.3 操作提示

① 使用直线工具，绘制两个十字轴线中心的相对位置为（34，26）的正交辅助线，见图 26-2。

② 使用“圆形”工具，在右边十字交点处绘制直径分别为 9 和 16 的同心圆（见图 26-3）在左边十字交点处先绘制出直径为 35 的圆，然后利用“多边形”工具在该圆内，绘制内接于直径为 22 圆的正八边形（见图 26-3）；以距左边十字交点下方 43 处为圆心，作业出直径分别为 10 和 18 的同心圆（见图 26-3）。

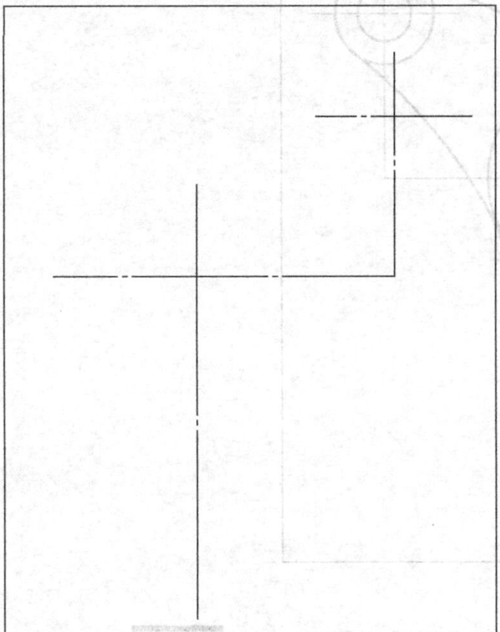

图 26-2

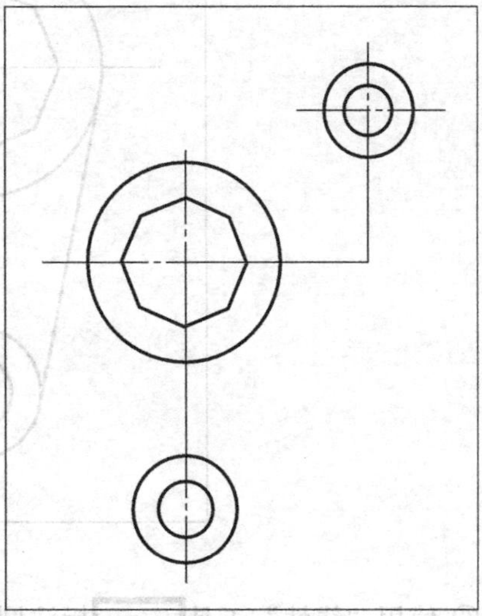

图 26-3

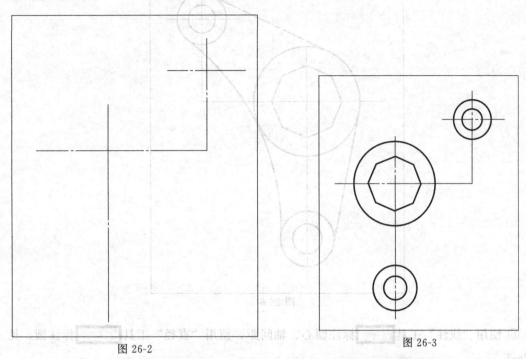

③ 使用圆形工具选择“切点、切点、切点”画圆模式以上一步中的三个圆为切点作圆，见图 26-4。

④ 使用“修剪”工具修剪成圆弧，见图 26-5。

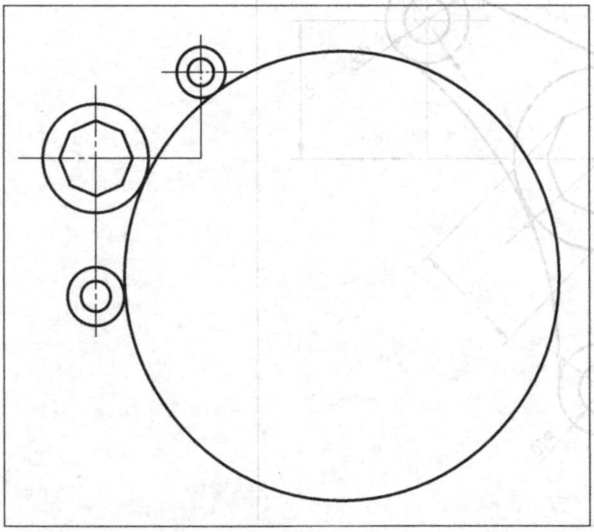

图 26-4

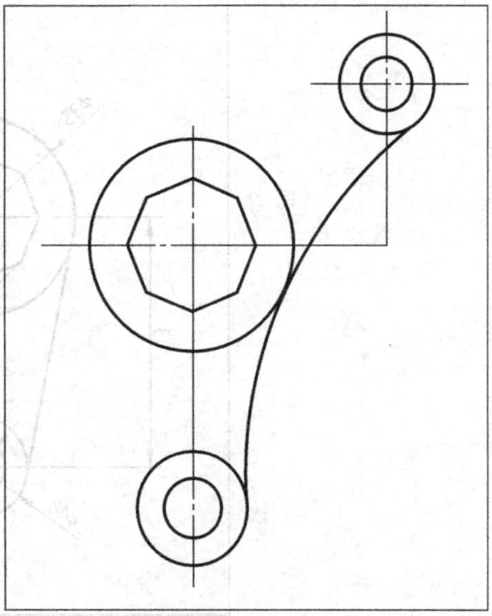

图 26-5

⑤ 使用“直线”工具，将“对象捕捉”选项卡中只选中“切点”一栏，作两圆的切线，见图 26-6。

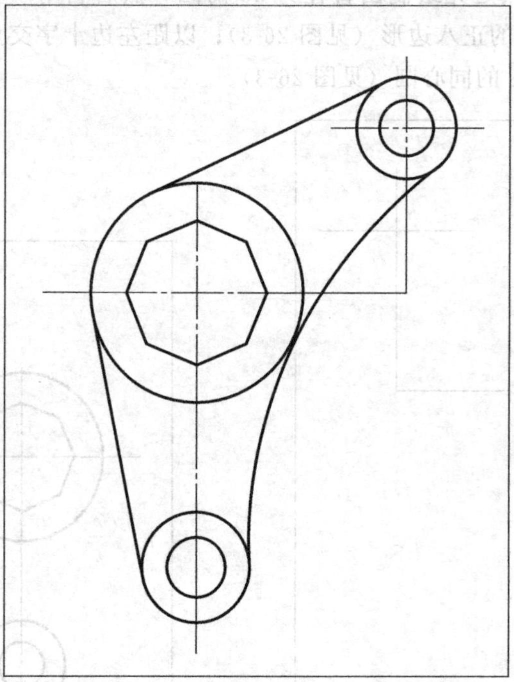

图 26-6

⑥ 使用“线性”工具标注圆心、轴间距，使用“直径”工具标注圆，见图 26-7。

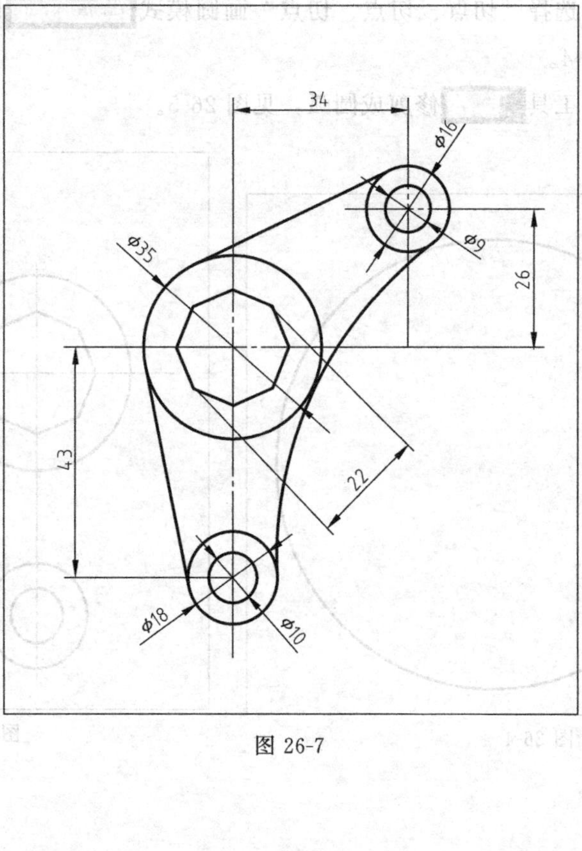

图 26-7

27 同心圆、圆弧、对象捕捉命令操作练习

27.1 实训目的

熟悉和掌握同心圆、圆弧、对象捕捉命令的使用方法，巩固对象捕捉的操作练习。

27.2 实训内容

实训内容见图 27-1。

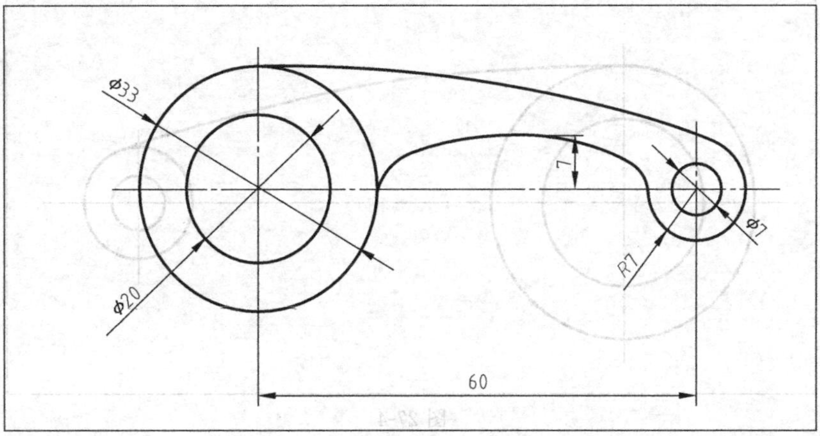

图 27-1

27.3 操作提示

① 使用“直线”工具 作轴线，见图 27-2。

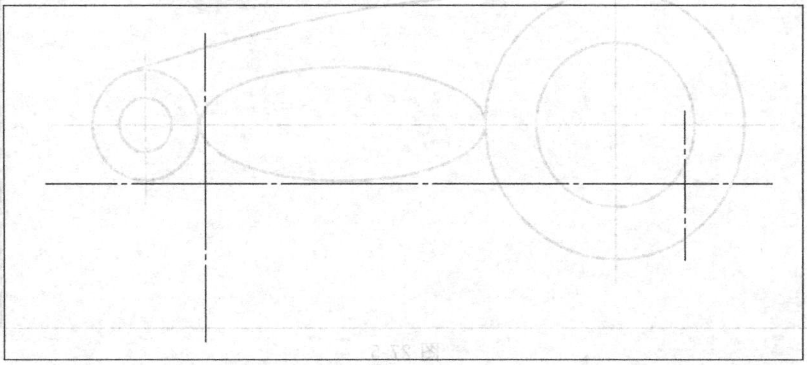

图 27-2

② 使用“圆形”工具以轴线交点为圆心作圆，见图 27-3。

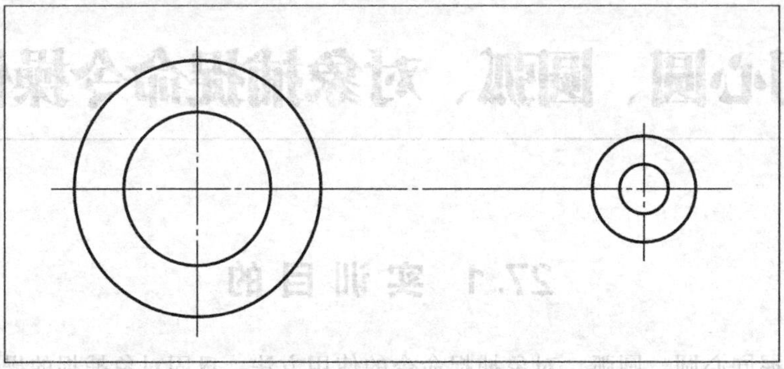

图 27-3

③ 使用圆弧工具中的“起点、端点、方向”画弧模式，取左外圆顶点，右外圆顶点，再用鼠标点击圆的上方，确定弧的切线方向（如图 27-4）。

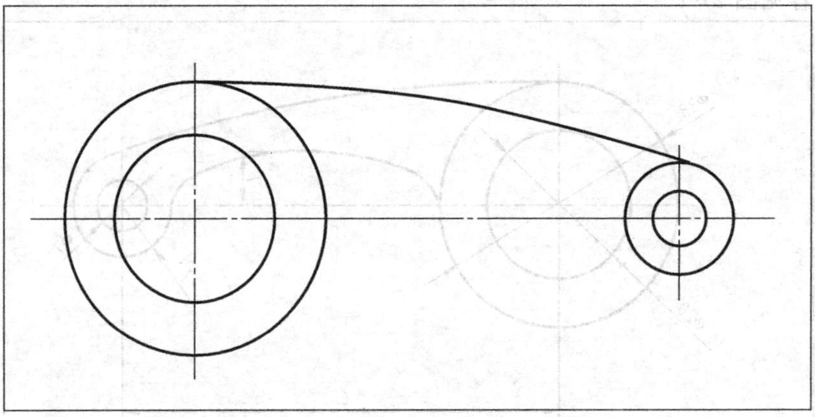

图 27-4

④ 使用“椭圆”工具以两外圆间距的中点为圆心，左外圆最右点为端点，右外圆最左端为另一个端点作椭圆，见图 27-5。

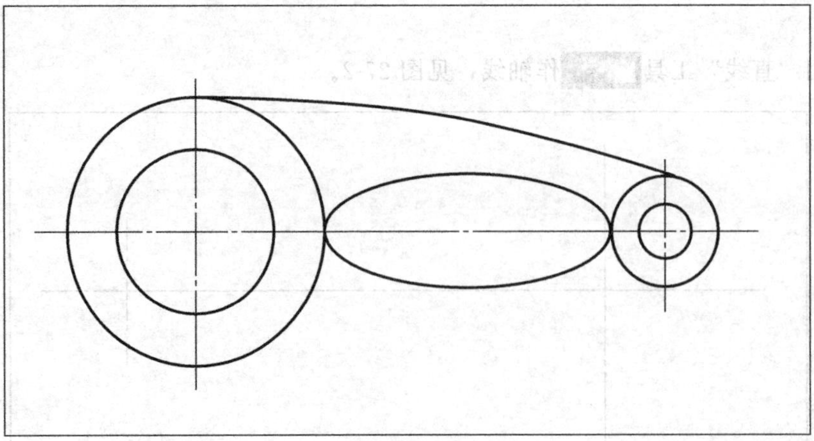

图 27-5

⑤ 使用“修剪”  工具修剪多余图线，见图 27-6。

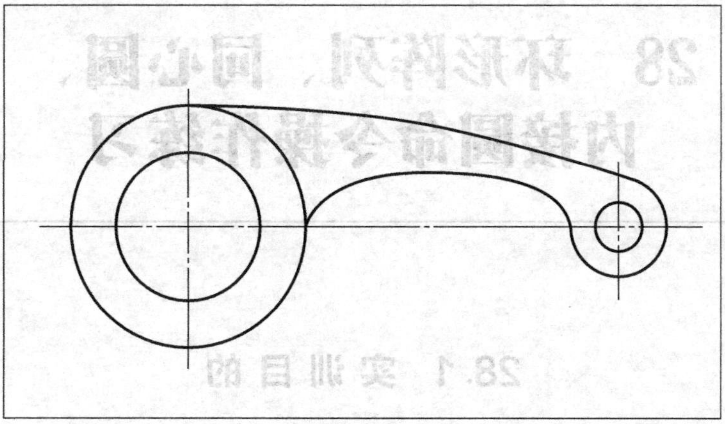

图 27-6

⑥ 使用“线性”  工具标注间距。使用直径、半径标注工具标注圆，见图 27-7。

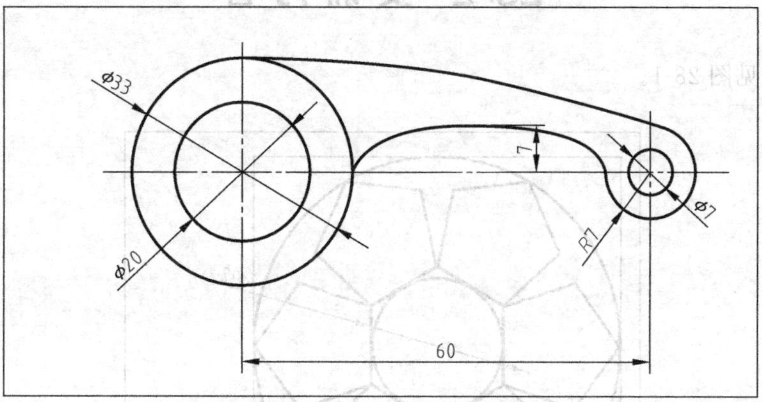

图 27-7

28 环形阵列、同心圆、内接圆命令操作练习

28.1 实训目的

熟悉和掌握环形阵列、同心圆、内接圆的使用方法。

28.2 实训内容

实训内容见图 28-1。

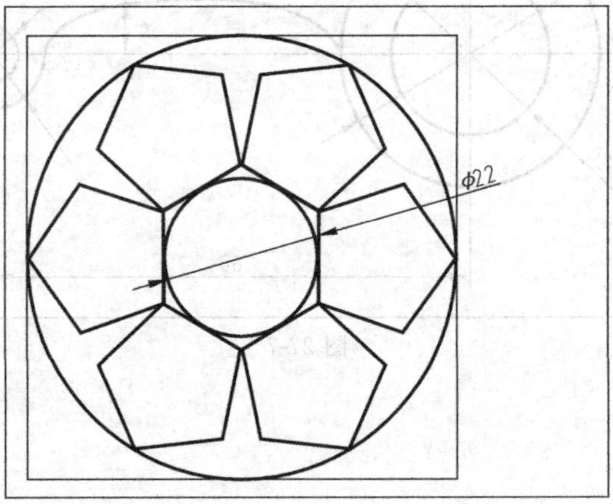

图 28-1

28.3 操作提示

① 用“圆形” 工具画直径为 22 的圆，再用“多边形”工具画外切直径为 22 的六边形，见图 28-2。

② 用“旋转” 工具以圆心为基点旋转 30 度，见图 28-3。

③ 用“多边形” 工具画 6 个五边形，用命令“e”，分别以六边形的每条边为五边形的一条边，见图 28-4。

④ 用“圆形” 工具以里面最小的圆的圆心为圆心，作一个直径到五边形顶点的

圆，见图 28-5。

⑤ 用“直线”工具，作两条大圆的中心线，见图 28-6。

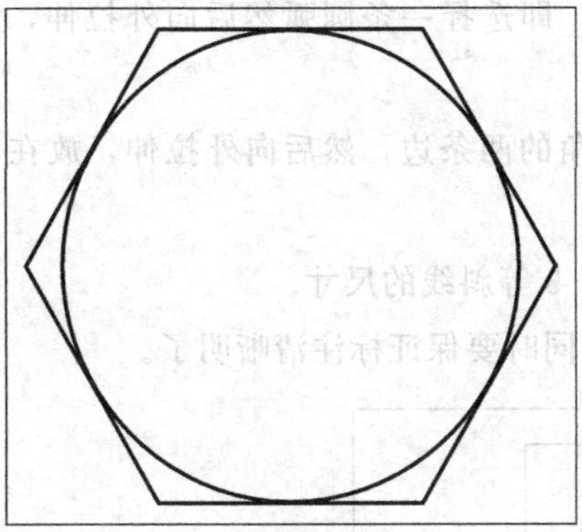

图 28-2

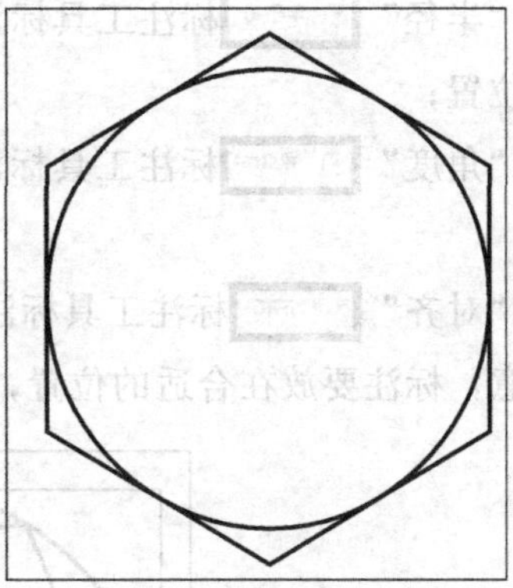

图 28-3

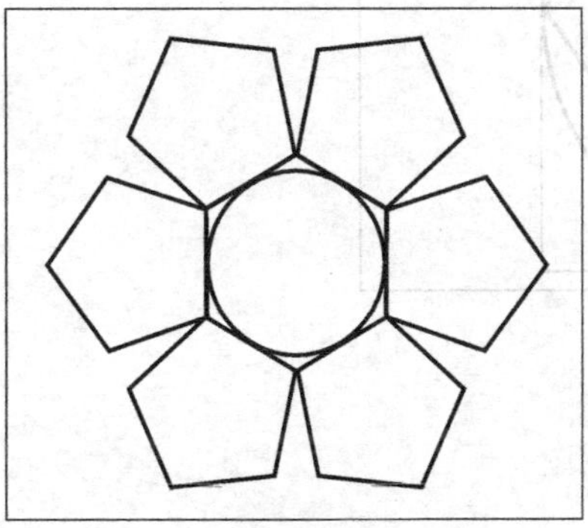

图 28-4

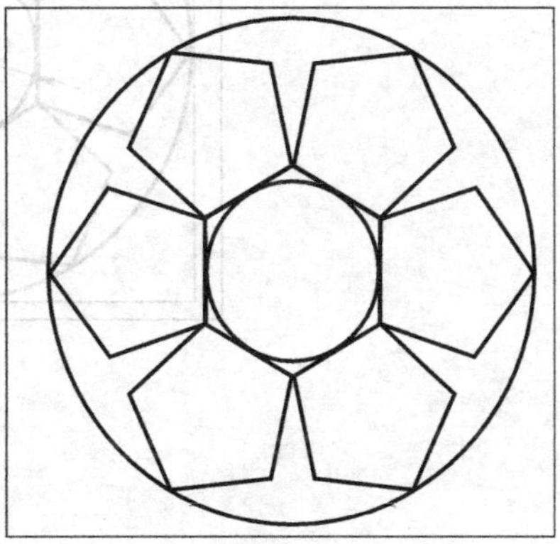

图 28-5

⑥ 用“偏移”工具以 AC 和 BD 为基准线来偏移，偏移距离为大圆半径，见图 28-7。

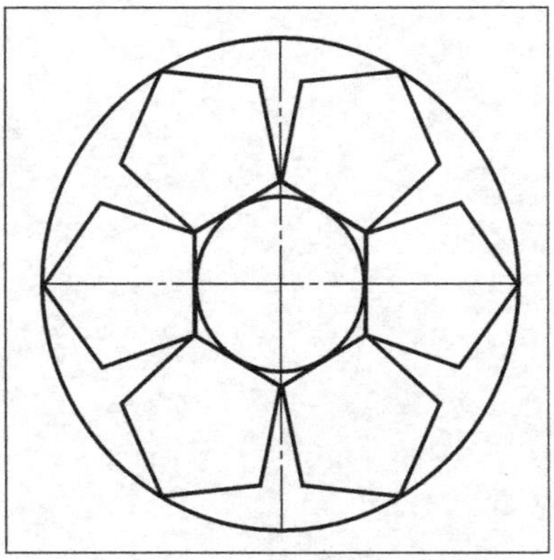

图 28-6

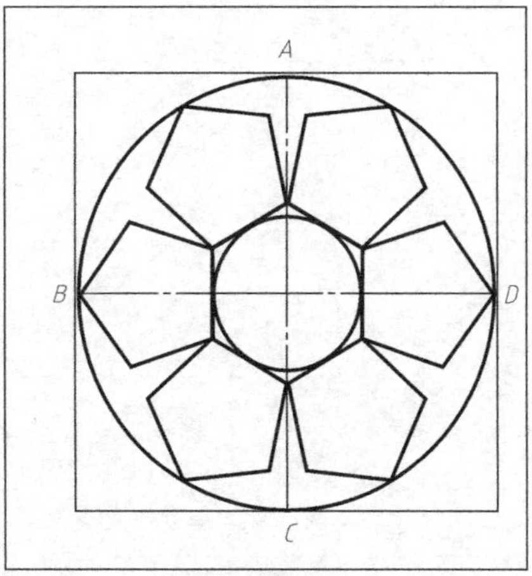

图 28-7

⑦ 标注好尺寸，见图 28-8。

用“线性”标注工具标注直线尺寸，即选择直线的两个端点然后向外拉伸，将标注放在合适的位置；

用“半径”标注工具标注半圆弧的尺寸，即选择一条圆弧然后向外拉伸，放在合适的位置；

用“角度”标注工具标注角度，即选择角的两条边，然后向外拉伸，放在合适的位置；

用“对齐”标注工具标注如图中 13、11、5 等斜线的尺寸。

注意，标注要放在合适的位置，不能挡住图形，同时要保证标注清晰明了。

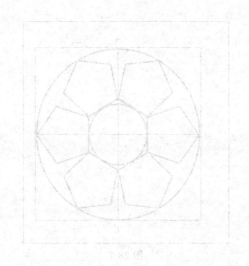

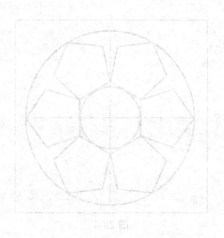

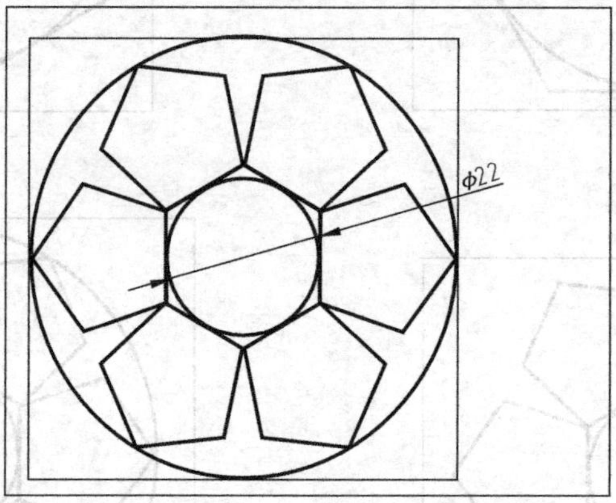

图 28-8

29 倒圆角、同心圆、圆弧命令操作练习

29.1 实训目的

熟悉和掌握倒圆角、同心圆、圆弧命令的使用方法，巩固倒圆角命令的操作练习。

29.2 实训内容

实训内容见图 29-1。

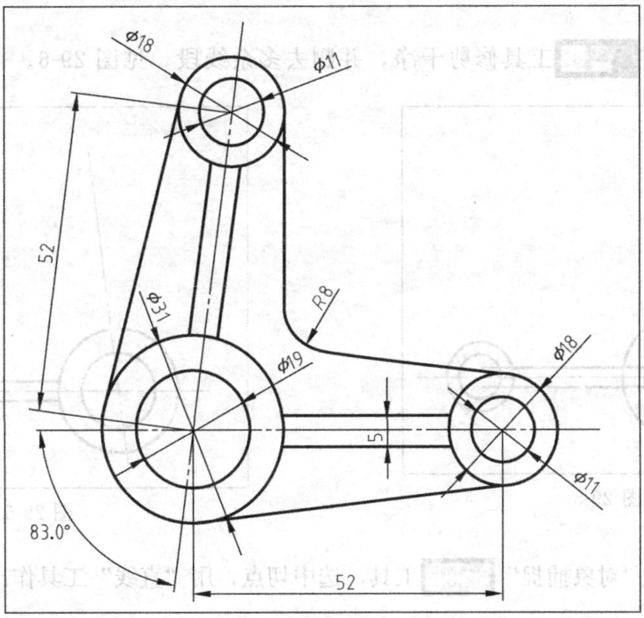

图 29-1

29.3 操作提示

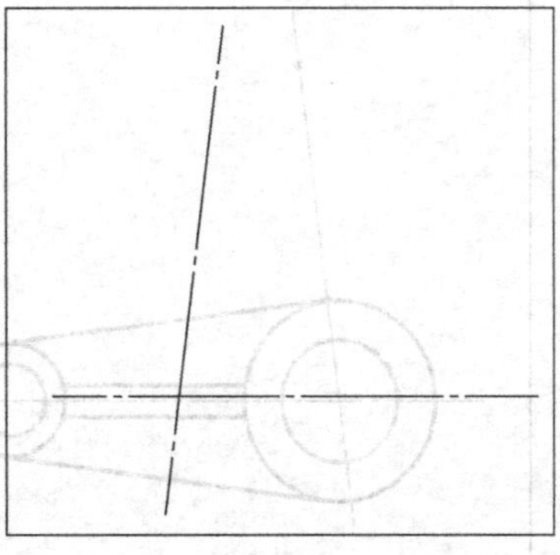

图 29-2

① 作辅助线：用“直线”工具画出一条水平线，过该线上随机一点作一条水平线，用“旋转”工具将刚作的线段以所取得随机点为基点旋转 83°，见图 29-2。

② 按所给尺寸以两条线段的交点为圆心用“圆形”工具画出圆，见图 29-3。

③ 用“直线”工具以交点为起点画一条长 52 的水平线段。用“偏移”工具输入偏移距离 2.5，选择该水平线为对象，点击该线段上方和下方，见图 29-4。

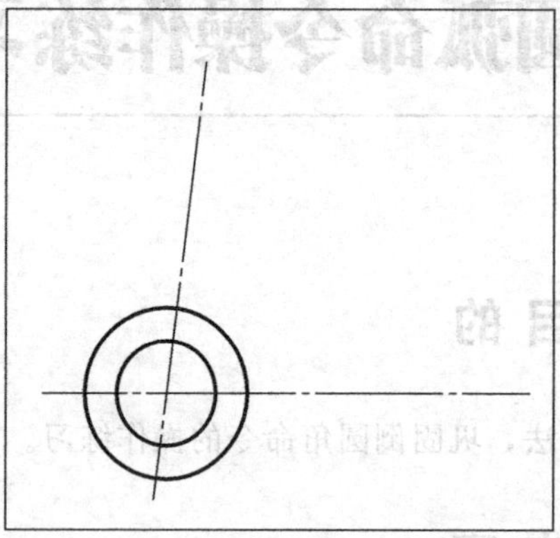

图 29-3

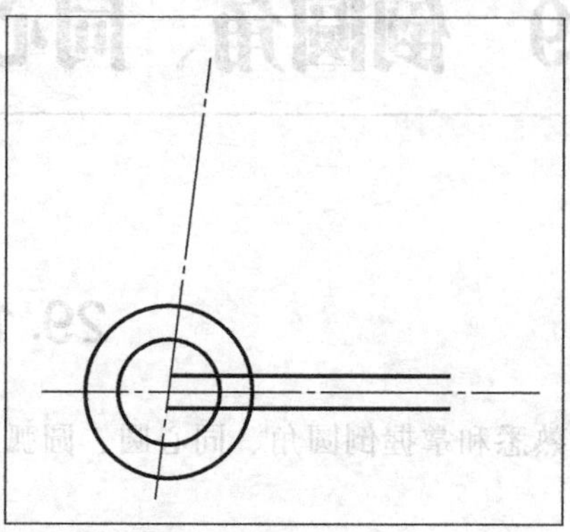

图 29-4

④ 按所给尺寸以中间一条线段的右边端点为圆心，用“圆形”工具画出圆，见图 29-5。

⑤ 用“修剪”工具修剪干净，并删去多余线段，见图 29-6。

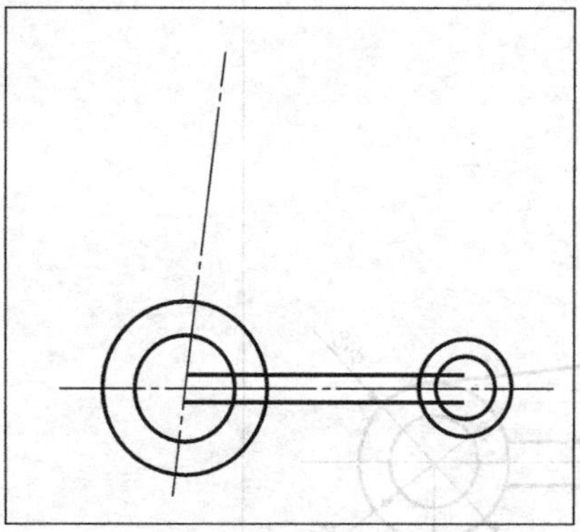

图 29-5

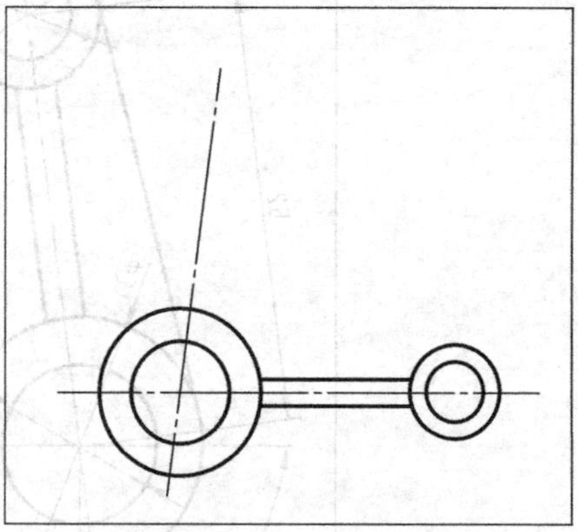

图 29-6

⑥ 用鼠标右击“对象捕捉”工具，选中切点，用“直线”工具作出线段，见图 29-7。

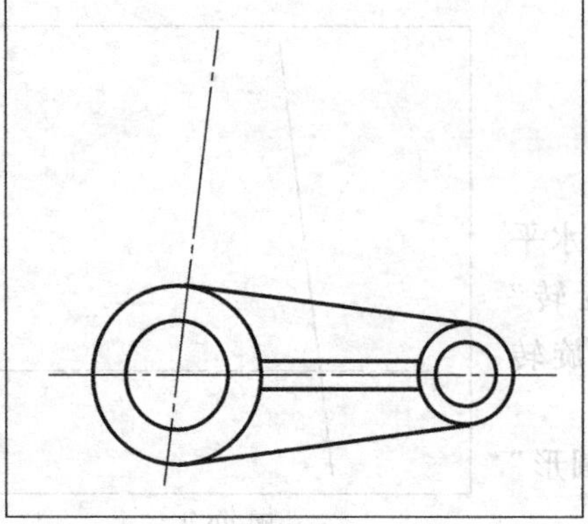

图 29-7

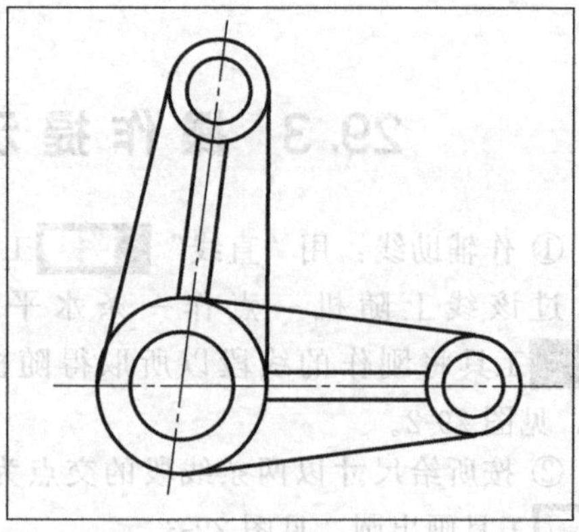

图 29-8

⑦ 点击“旋转”工具，选择该图形，并输入“c”（复制）以辅助线的交点为基点将图形旋转 83 度，见图 29-8。

⑧ 使用“圆角”工具分别选择两条交叉的线段，见图 29-9。

⑨ 标注好尺寸，见图 29-10。

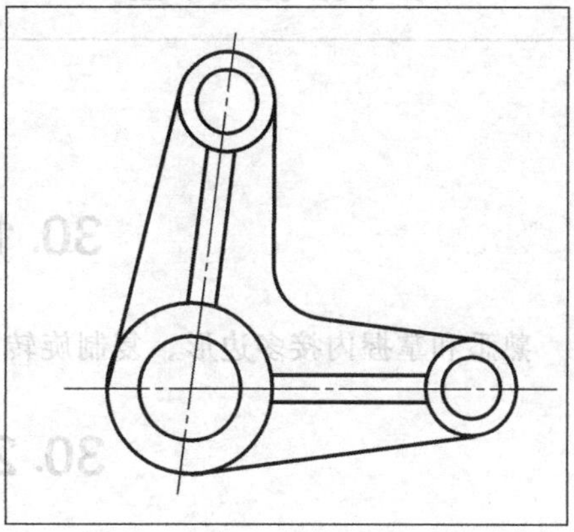

图 29-9

用“线性”标注工具标注直线尺寸，即选择直线的两个端点然后向外拉伸，将标注放在合适的位置。

用“半径”标注工具标注半圆弧的尺寸，即选择一条圆弧然后向外拉伸，放在合适的位置。

用“直径”标注工具标注圆的尺寸，即选择一个圆然后向外拉伸，放在合适的位置。

用“角度”标注工具标注角度，即选择角的两条边，然后向外拉伸，放在合适的位置。

用“对齐”标注工具标注如图中长度为 52 的斜线的尺寸。

注意，标注要放在合适的位置，不能挡住图形，同时要保证标注清晰明了。

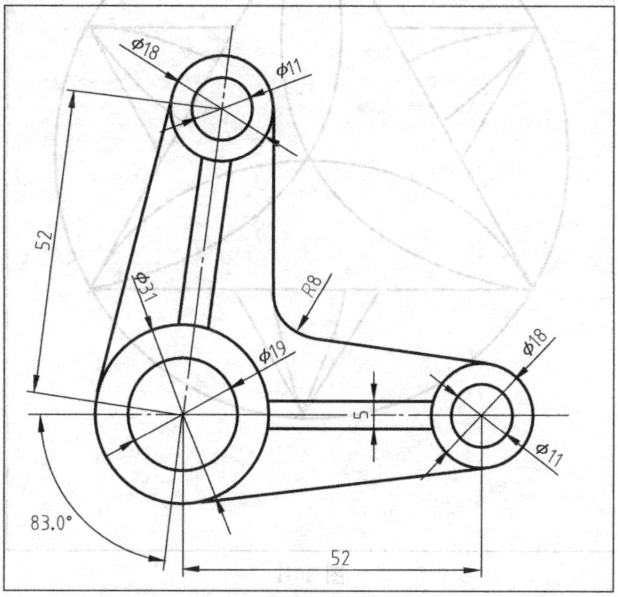

图 29-10

30　内接多边形、复制旋转命令操作练习

30.1 实训目的

熟悉和掌握内接多边形、复制旋转命令的使用方法，巩固内接多边形的操作练习。

30.2 实训内容

实训内容见图 30-1。

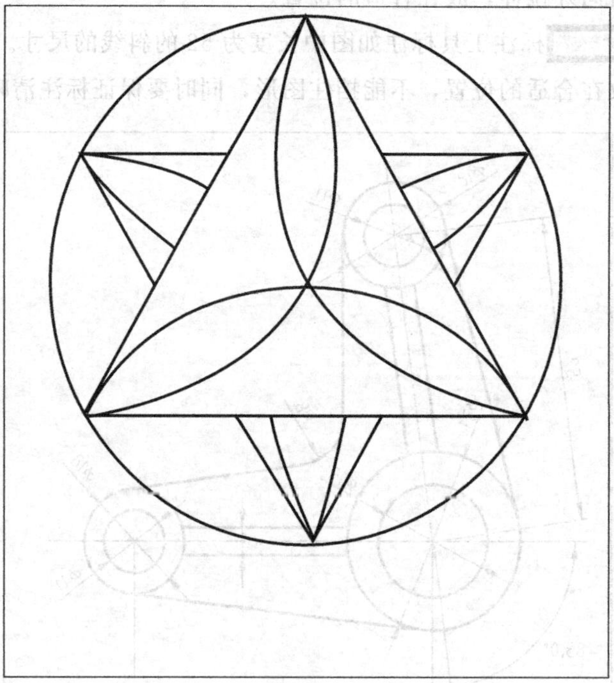

图 30-1

30.3 操作提示

① 按所给尺寸用“圆形”工具画出圆，见图 30-2。

② 利用“多边形”工具，输入侧面数 3，以步骤①作出的圆的圆心为中点，输入命令“i”（内接于圆），输入尺寸“35”，作出三角形，见图 30-3。

③ 用“旋转”工具将步骤②作出的三角形以圆心为基点，并输入命令“c”（复制），旋转180度。作出三角形，并用“修剪”工具修剪去多余线段，见图30-4。

④ 用“圆形”工具作出所有以两个三角形在圆上的一个顶点为圆心、到相邻的顶点的距离为半径的圆，见图30-5。

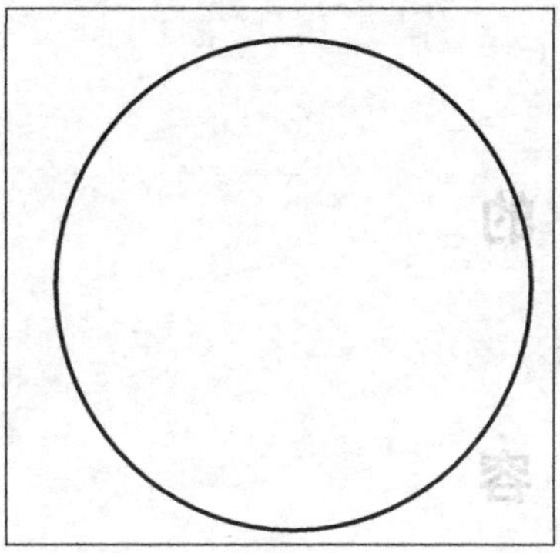

图 30-2

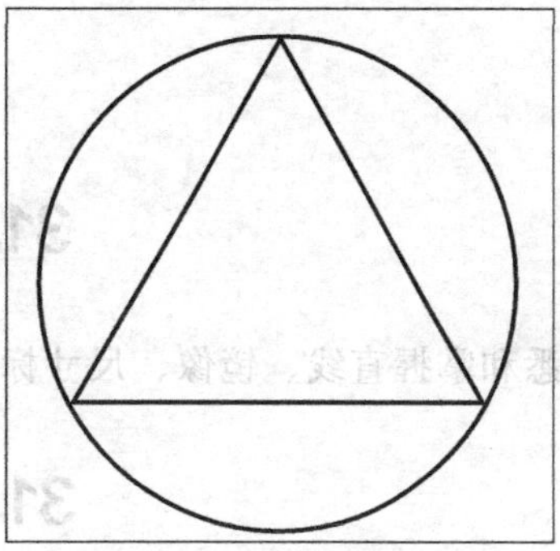

图 30-3

图 30-4

图 30-5

⑤ 用“修剪”工具修剪去多余线段，见图30-6。

⑥ 标注好尺寸，见图30-7。

用“线性”标注工具标注直线尺寸，即选择直线的两个端点然后向外拉伸，将标注放在合适的位置。

图 30-6

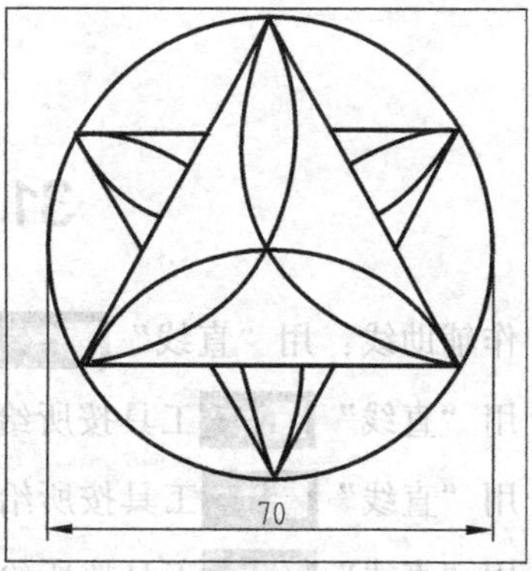

图 30-7

31 直线、镜像、尺寸标注命令操作练习

31.1 实训目的

熟悉和掌握直线、镜像、尺寸标注命令的使用方法。

31.2 实训内容

实训内容见图 31-1。

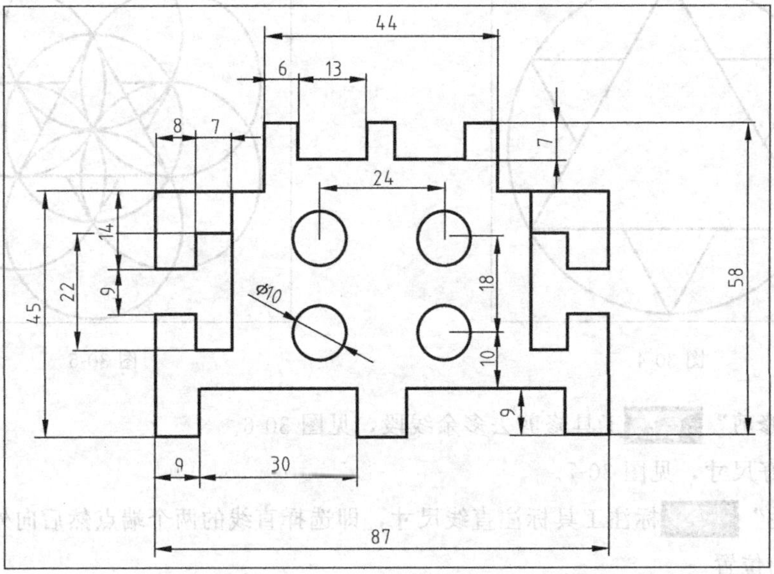

图 31-1

31.3 操作提示

① 作辅助线：用“直线”工具画出一条垂直于水平的线，见图 31-2。

② 用“直线”工具按所给长度画出左下部分线段，见图 31-3。

③ 用“直线”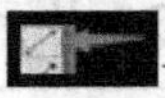工具按所给长度画出左边部分线段，见图 31-4。

④ 用“直线”工具按所给长度画出左上部分线段，见图 31-5。

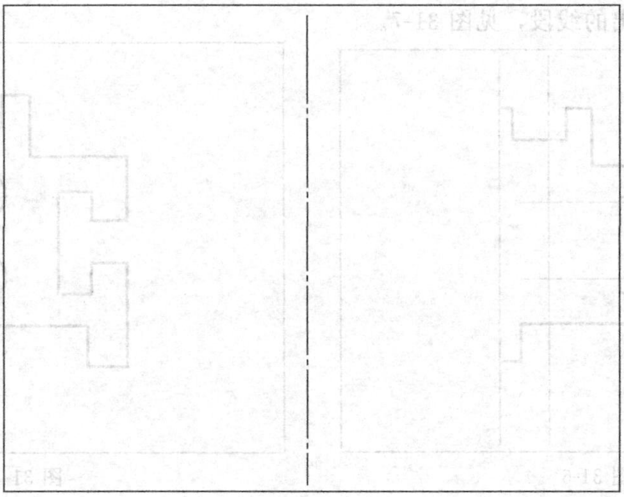

图 31-2

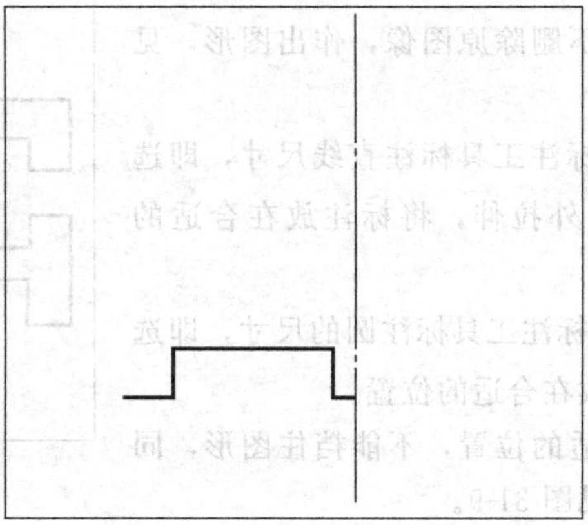

图 31-3

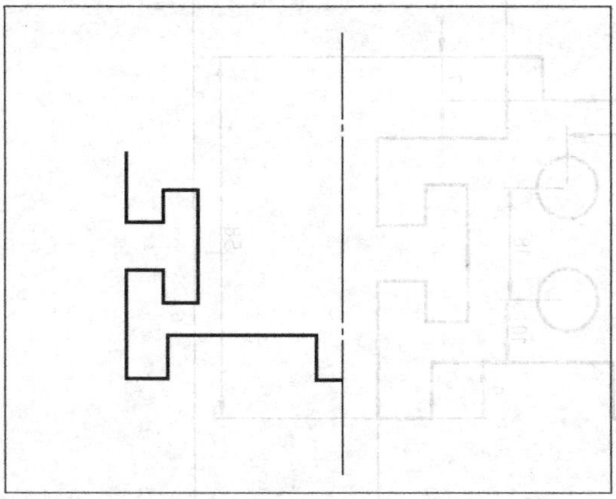

图 31-4

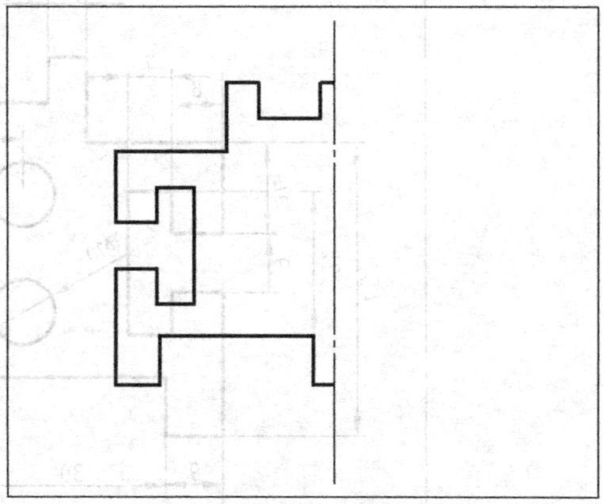

图 31-5

⑤ 用“偏移”  工具作辅助线往左偏移 12 的线段，以及底下线段向上偏移 10 和 28 的线段，图 31-6。

⑥ 用“圆形”  工具以步骤⑤作出的线段的交点为圆心，按照给定的尺寸作出圆。

然后删去步骤⑤作出的线段，见图 31-7。

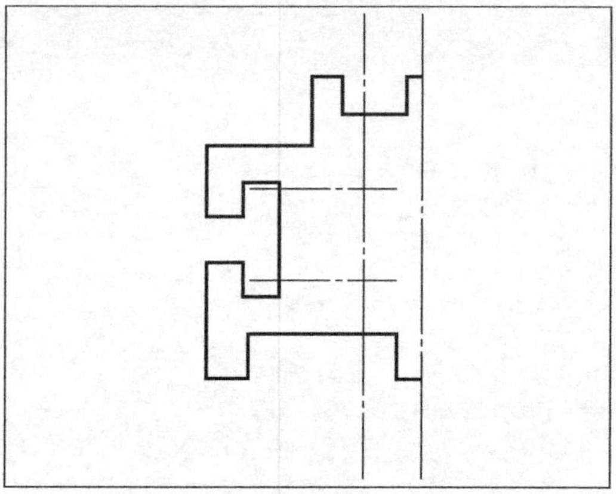

图 31-6

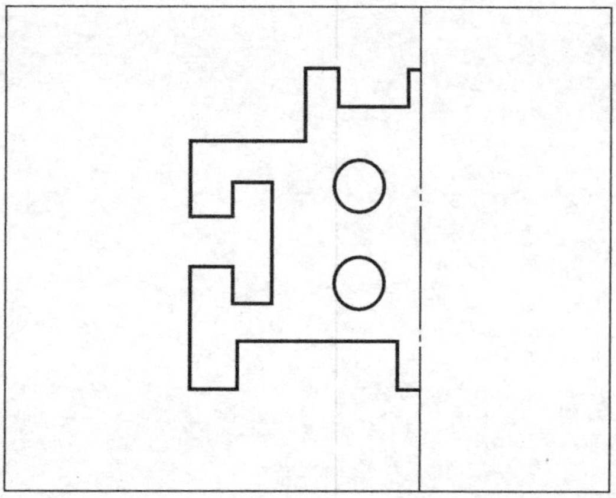

图 31-7

⑦ 用“镜像”工具选择整个图像为对象，指定辅助线为镜像线，选择不删除原图像，作出图形，见图 31-8。

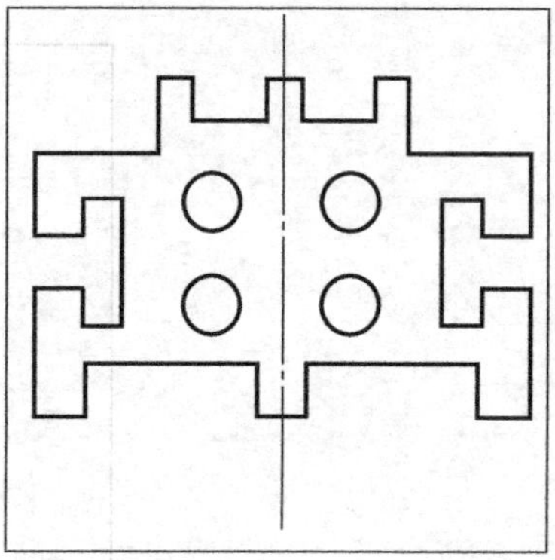

图 31-8

⑧ 用“线性”标注工具标注直线尺寸，即选择直线的两个端点然后向外拉伸，将标注放在合适的位置。

用“直径”标注工具标注圆的尺寸，即选择一个圆然后向外拉伸，放在合适的位置。

注意，标注要放在合适的位置，不能挡住图形，同时要保证标注清晰明了，见图 31-9。

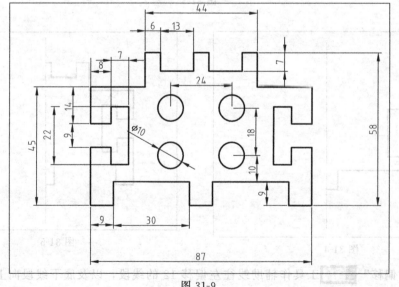

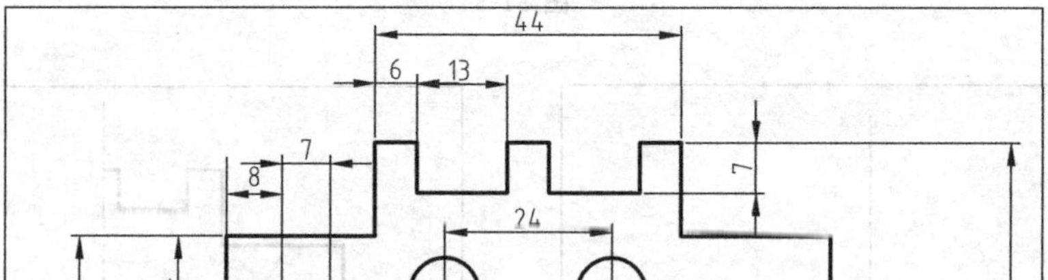

图 31-9

32 定量等分、偏移、重复命令操作练习

32.1 实训目的

熟悉和掌握定量等分、偏移、多重复命令的使用方法。

32.2 实训内容

实训内容见图 32-1。

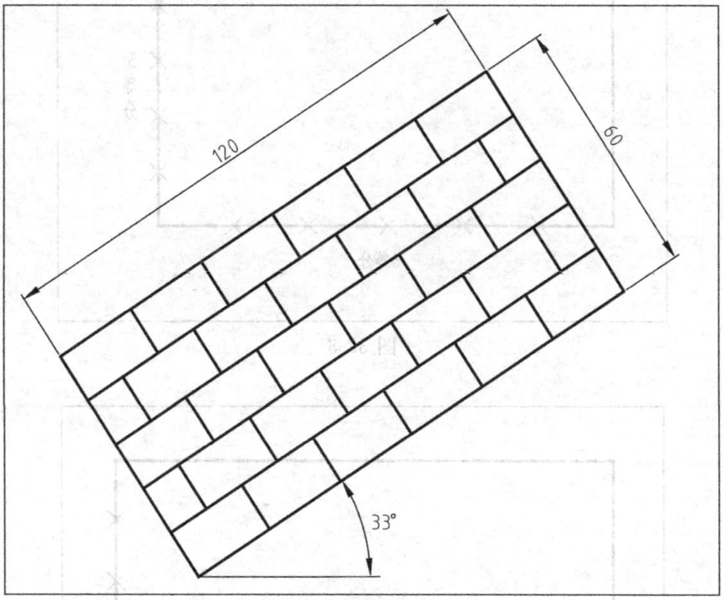

图 32-1

32.3 操作提示

① 绘制一个 120×60 的矩形（@120，60）（如图 32-2 所示）。

② 选择“分解”命令，把矩形的边长分解成 4 段独立的线段，并对其中两条线段进行 5 等分和 6 等分（如图 32-3 所示）。

③ 捕捉交点，绘制出两段直线（如图 32-4 所示）。

④ 选择“复制”命令，指定 A 点为复制基点，如图 32-5 所示直线进行多重复制。

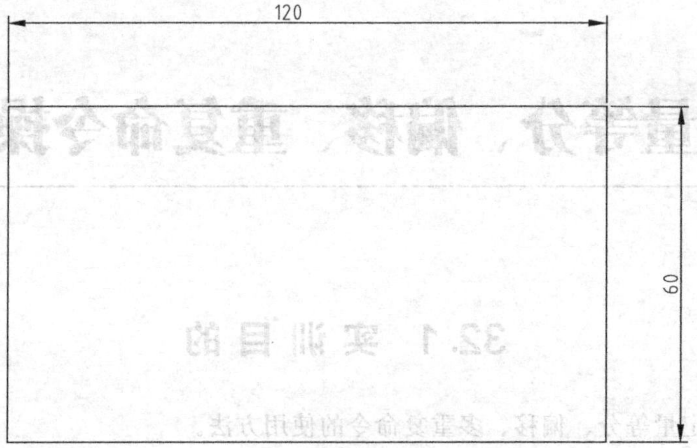

图 32-2

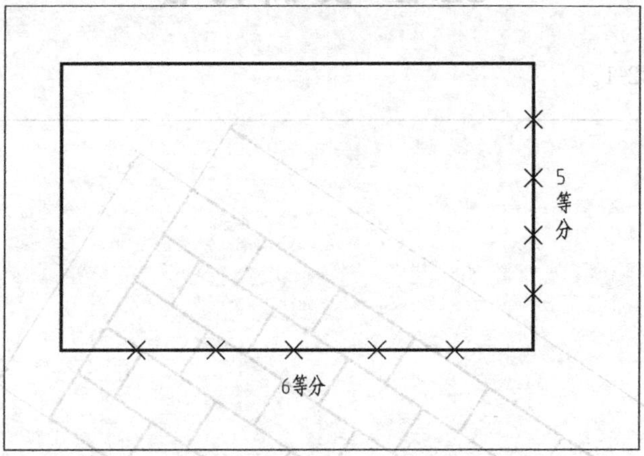

图 32-3

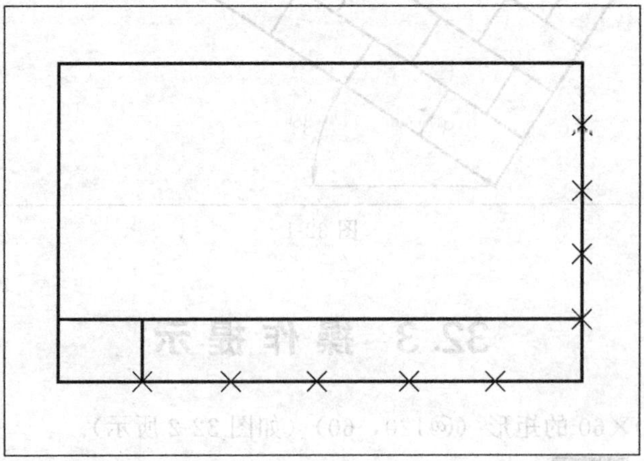

图 32-4

选择对象：

指定基点或位移，或者［重复（M）］：m

⑤ 选择“直线”命令，绘制一条辅助线（如图 32-6 所示）。

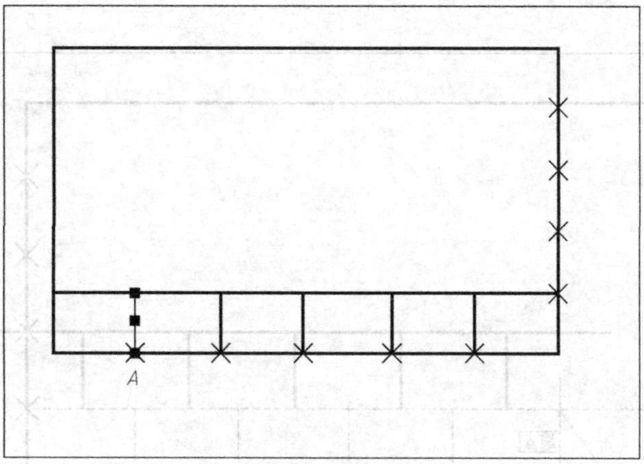

图 32-5

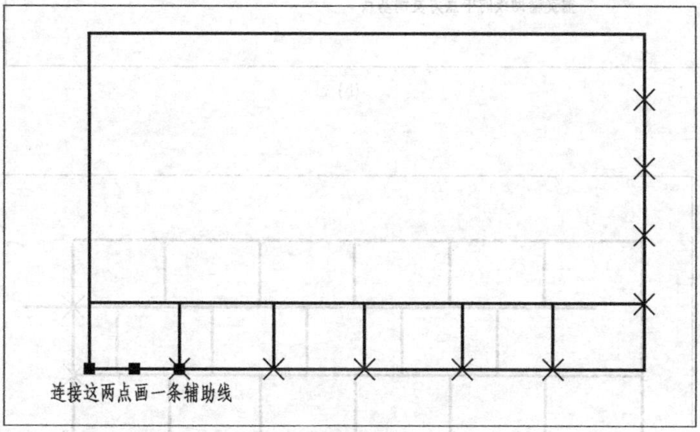

图 32-6

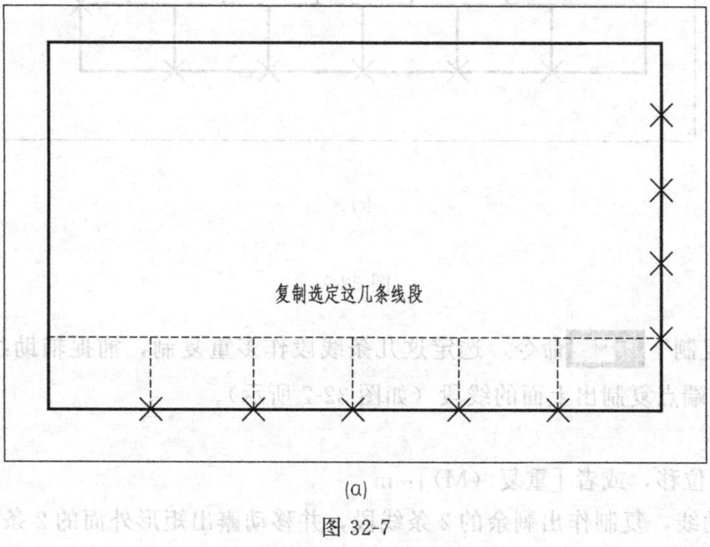

(a)

图 32-7

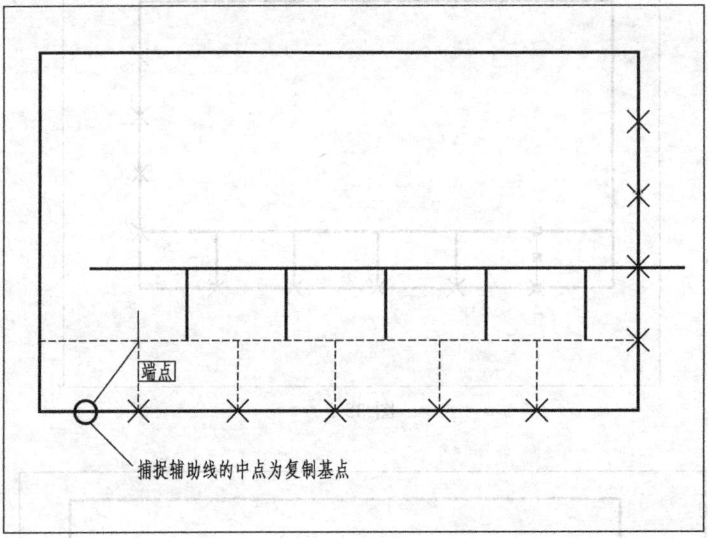

(b)

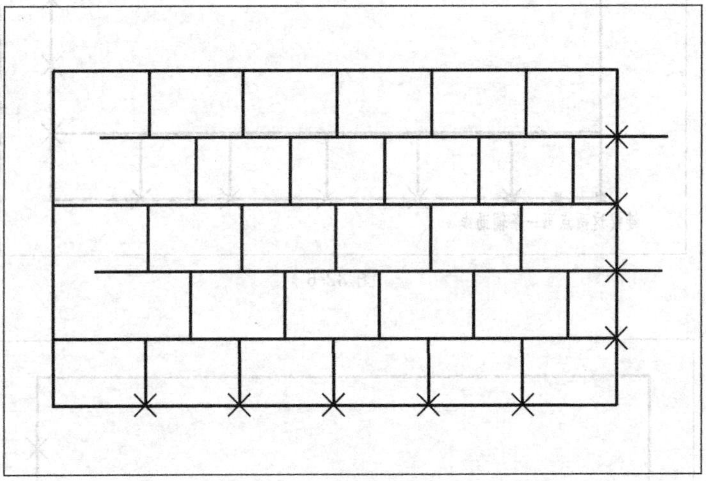

(c)

图 32-7

⑥ 选择“复制”命令，选定这几条线段作多重复制，捕捉辅助线的中点为复制基点，然后捕捉端点复制出上面的线段（如图 32-7 所示）。

选择对象：

指定基点或位移，或者［重复（M）］：m

⑦ 删除辅助线，复制作出剩余的 2 条线段，并移动露出矩形外面的 2 条线段（如图32-8所示）。

⑧ 旋转图形，旋转角度为 33°，并添加尺寸标注（如图 32-9 所示）。

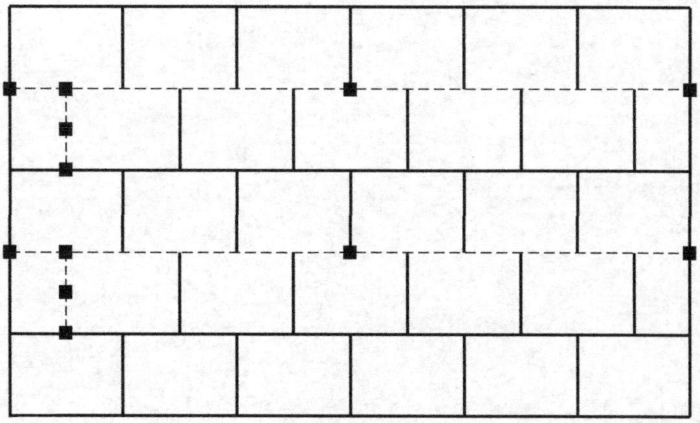

图 32-8

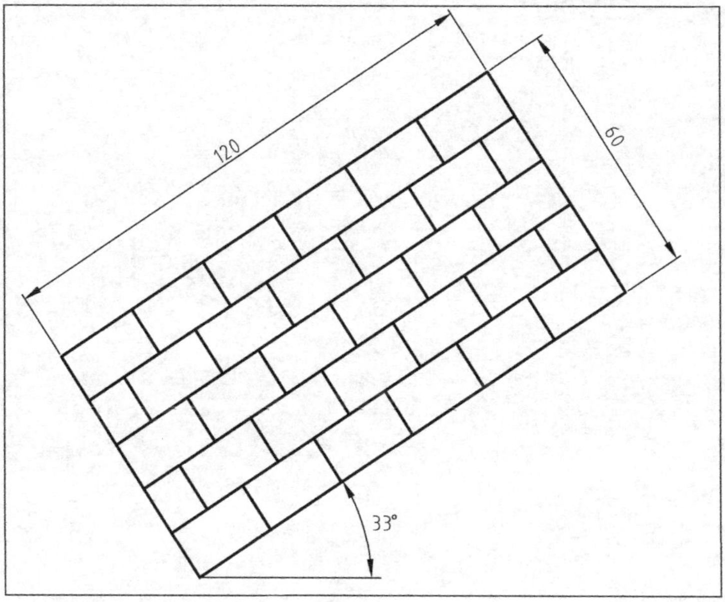

图 32-9

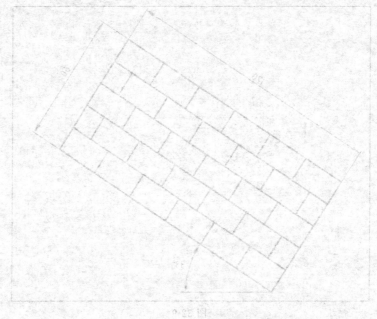